MARK
麦客文化

U0178176

张 楠 / 著

山东省农科院作物所所长
刘 成 / 审订

生物学原来这么有趣

颠覆传统教学的18堂生物课

化学工业出版社

·北京·

这是一本介绍生物学大师及其思想精华的图书。它虚拟了18堂神秘课堂，每堂课都围绕一个主题展开，并挑选合适的生物学大师讲授。在授课的过程中，学生与大师们还有互动和交流。虽然，那些大师们是带着"任务"前来授课的，但他们可不是如此"听话"的嘉宾，还会时不时说些自己的趣闻、趣事，如果你喜欢听关于生物学方面的知识，可千万别错过了本书！

图书在版编目（CIP）数据

生物学原来这么有趣：颠覆传统教学的18堂生物课 / 张楠著. —北京：化学工业出版社，2020.7（2024.8重印）

ISBN 978-7-122-36827-0

Ⅰ.①生… Ⅱ.①张… Ⅲ.①生物学–普及读物 Ⅳ.①Q-49

中国版本图书馆CIP数据核字（2020）第080096号

责任编辑：张　曼　　　　　　　　　封面设计：溢思视觉设计工作室

责任校对：王　静

出版发行：化学工业出版社（北京市东城区青年湖南街13号　邮政编码100011）

印　　装：大厂聚鑫印刷有限责任公司

710mm×1000mm 1/16　　印张13½　　字数300千字　　2024年8月北京第1版第4次印刷

购书咨询：010-64518888　　　　　　　售后服务：010-64518899

网　　址：http：// www.cip.com.cn

凡购买本书，如有缺损质量问题，本社销售中心负责调换。

定　价：49.80元

使 用 说 明 书

生物学大师

生物学大师的卡通形象更直观亲切。

生物学大师介绍

用言简意赅的文字介绍生物学大师的生平和作品。

刘成老师评注

对于生物学，每个人都有自己的见解。刘成老师的这种评注，堪为引玉之砖。

图解知识点

生动、形象地用图解式解构生物学难题，用活泼图画再现生物学场景。

互动讨论形式

每一堂课都采用互动讨论形式，在师生探讨中轻松掌握生物学大师毕生理论精髓。

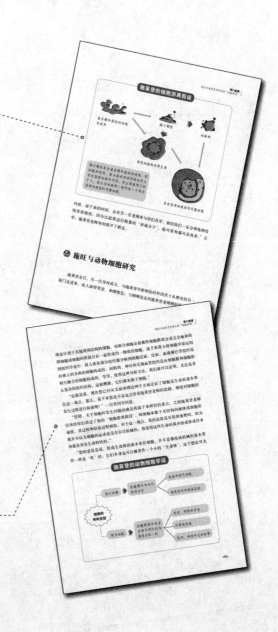

参考书目

在每一堂课结束后，生物学大师会推荐一些参考书，让读者拓展知识，加深对课程的理解。

大师课堂

运用穿越时空的手法，邀请多位生物学大师逐一走进课堂，讨论与生物学密切相关的18个话题——动物学分类、描述性解剖学、血循环理论、显微镜下的世界、个体的发生发育、细胞学说、生命活动的机理、发酵与灭菌、细菌与病害的关系、侧链理论、双名法、用进废退、生物灾变论、自然选择、遗传定律、连锁与互换定律、基因的构成、DNA双螺旋。

与人类息息相关的生物学

说起生物学，每个人都不会觉得陌生。每个人都是一个单独的生物，我们因为有了生命，才有了丰富多彩的生活。在生活当中，与生物和生命相关的问题更是时时刻刻围绕着我们。为什么宇宙中只有在地球上有生命？生命是如何起源的？已经灭绝的生物还会不会再出现？人为什么会生病？酒为什么会变酸？食物为什么会发霉？

这些问题有的看起来深奥无比，有的看起来就是日常生活中的小事。不过，这些问题都属于生物学的范畴。古往今来，这些问题一直都在，正是因为人们对这些问题有着不断的追问和不懈的追求，生物学才发展起来。

在还没有任何学科概念的时候，生命已经是人们非常关注的事物。古时候，人们对绚烂多彩的各种生物充满了好奇，有的人将生物看作是某种灵性，有的人将生物看作是某种图腾，甚至还有人认为生命具有某种神奇力量。虽然这些说法都有失偏颇，但是也能反映出人们对于生物的好奇和敬畏。

迄今为止，地球已经经历了四十五亿年的发展历程，各种生物都在不断进行着发展和演化。可以这么说，我们现在所看到的生物，只是漫漫历史长河中非常短暂的一部分。很多生物已经灭绝，还有更多生物在不断进化的过程中，甚至人类也只是漫漫历史长河中的过客。

随着人类社会的进步，各种学科都开始不断发展，生物学也逐渐成为一门独立的学科，并吸收了数学、物理学、化学等各个学科的研究成果，成为一门精确的、定量的学科。人们逐渐认识到，生命从本质上来讲是一种物质的运动形态，而生物学的主要任务就是要研究生物的各种生命现象以及它们活动的规律。从生物学的知识上来讲，生命的基本单位是细胞，生命有各种各样独特的性质，许多生命具有的独特性质还可以被利用在各种实践当中。可以说，生物学的发展不仅对生物本身有意义，对其他的行业也有着非常重要的意义。

现代生物学经过很长一段时间的发展，已经形成非常庞大的知识体系。不仅如此，现代生物学还变得越来越活跃，越来越受到大众的关注。生物学虽然是一门传统的基础科学，但是它的发展与种植业、畜牧业、渔业、医疗、制药、卫生、食品、矿产等领域都有着非常密切的联系，生物学在其中起到了非常关键的作用。

不论是为了人类自身的发展，还是为了其他行业的发展，生物学都是非常重要的。因此，不论是从自身的角度出发，还是从人类社会的角度出发，我们都应该学习生物学。这样我们才能够对地球上的生命有清醒的认识，才能够在关键时刻懂得取舍，才能够让自己真正懂得生命的真谛。

生物学对人类的重要意义是不言而喻的，因为生物学与人类是息息相关的。但是除了从事生物专业的人，很多人很缺乏生物学知识。离开学校之后，甚至都不会再接触生物学相关的知识，其实这种行为是很不合理的。因为生物学知识不仅能够对我们的生活有很大的指导意义，更重要的是生物学的很多规律对人类发展会有非常重要的启示。在这种背景下，我向大家推荐这本《生物学原来这么有趣：颠覆传统教学的18堂生物课》。

很多人之所以不再学习生物学的相关知识，很大一部分原因是因为觉得它很无趣。但是在这本书中，重要的生物知识以课堂讲解的形式呈现，同时配有专门绘制的图片帮助读者理解相关知识。只要打开这本书，就一定能够饶有兴趣地读下去，丰富自己的生物知识。这本书按照专题的形式进行讲解，每一章讲解一个重要的生物学专题，让读者能够在短时间内得到很大的进步。

如果还有人问为什么要读生物学的书，那么我会告诉你，生物学真的像这本书讲的一样有趣！

山东省农科院作物所所长

前言
FOREWORD >>>>

　　说到"生物学"，你可能觉得既熟悉又陌生。熟悉是因为，这是我们在初中、高中的必修课之一。你可能至今仍然记得生物老师拿着人体模型，讲组织、器官的情景。陌生是因为，残留在记忆中的只是皮毛。就算你是一名上课从不走神、每次考试都得满分的学霸，现在问你生物课上都学了什么，恐怕你脑海中也是混沌一片。

　　看到这里，也许你会反问我："既然当年的考试我都已经顺利通过，也顺利毕了业，那么今天还来研究生物学干吗？"生物学既不像经济学能帮我们"生财"，也不像哲学那样能帮助我们学会思考、学会为人处世，那么，学了生物学能做什么？

　　作为一名坚定的生物学拥护者，我一定要让你知道，这门学科不仅"有用"，而且"实用"。它绝不是一座只可观望不可攀爬的"理论宝塔"，而是一门与我们每个人都息息相关的实用科学。

　　生物学，是一门研究生命现象的本质并探讨生物发生、发展规律的科学。作为一个独立的生命个体，我们的身体内每分每秒都在发生着各种生命活动，演绎着各种生命现象。在那个看不见的未知世界，究竟隐藏着怎样的奥妙，难道你不好奇吗？

　　不仅如此，作为大自然中的一员，除了关注我们自身之外，难道这多种多样的大千世界没有勾起你的兴趣吗？地上跑的、水里游的动物，以及那些我们肉眼看不到的微生物，在它们的世界里又在发生着什么故事，上演着怎样的精彩，难道你不想一窥究竟吗？

对未知世界的渴望，是人类的天性。也许此刻你还没忘了要问我，说这些与实用有什么关系？我要回答你的是，那是每个人对"实用"的定义标准不同。也许你觉得能帮助你多赚到一百块的书是"实用"，可是我觉得，能让人开阔眼界、丰富心灵的读物就是"实用"。

因此，不如给自己放一下午的假，让我带你感受一次人类的"生命之旅"。当然，为了保证我们尊贵的旅客不会"半途而废"，接下来我还要再费点儿唇舌来介绍一下本书的独特之处。

《生物学原来这么有趣：颠覆传统教学的18堂生物课》虽然是一本科普性的生物学读本，但本书与同类书的不同之处在于，我们在漫长的生物历史长河中，精挑细选了多位具代表性的生物学家，以授课的形式为大家讲述了生物学中最有代表性的观点和研究发现。这不仅让大家有重回课堂的亲切感，同时降低了这门学科的难度。原本深奥难懂的专业知识经过老师们的幽默讲解，变得通俗易懂，再加上书中还专门配上了生动的插图以及专业老师的评注，这让本书的内容更加丰富饱满，读起来也更加生动有趣。

总之，如果你也是一位生物学爱好者，又苦于没有时间钻研那些卷帙浩繁的专业著作，那么一定不要错过《生物学原来这么有趣：颠覆传统教学的18堂生物课》这本书。不会花费太多时间，我保证这是一本让你只需花费"快餐"的时间就能享用的一次"生物学大餐"。还等什么？赶快翻开书页，开启这场"生命之旅"吧。

CONTENTS >>>>
目 录

第十二堂课　拉马克老师主讲"用进废退"

第十三堂课　居维叶老师主讲"生物灾变论"

第十四堂课　达尔文老师主讲"自然选择"

第十五堂课　孟德尔老师主讲"遗传定律"

第一堂课

亚里士多德老师主讲
"动物学分类"

有无红色血液是自然界动物分类的一级标准。

亚里士多德（Aristotélēs，公元前384—公元前322）

亚里士多德是古希腊斯塔基拉人，世界古代史上伟大的哲学家、科学家和教育家。他一生涉猎广泛，对伦理学、形而上学、心理学、经济学、神学、政治学、修辞学、自然科学、教育学等多门学科都做出了伟大贡献，是人类发展史上一位里程碑式的人物。作为一位百科全书式的科学家，亚里士多德在生物学上留下的影响也是开天辟地的。他是欧洲第一个创立动物分类学的学者，是第一个按照动物形状的异同进行分类的动物学家。他写下的《动物志》《论动物的器官》《论动物生成》《论灵魂》等多部生物学著作，为生物学中的分类学做出了巨大贡献，而他也因此被视为分类科学之父，更被人们评价为达尔文之前对生物学做出最大贡献的科学家。

正在大三攻读生物专业的张秋是一名典型的理工女，别看她平日里大大咧咧，可是一走进实验室立刻就变身"无敌女超人"——无论是植物、动物、微生物，统统被她"扒皮剥骨"地研究一番，从细胞壁、细胞核到DNA，全都逃不过她的"法眼"。

最近，张秋报名参加了一个生物小组的活动。这天晚上，她一如既往按约定的时间来到了学校后山一处隐蔽的丛林。还没走到，她就听到了大家的笑声，看见篝火闪烁的火焰。

🌑 生物学的起源

"诸位晚上好，我是来自古希腊的生物学家亚里士多德。"一位身穿长袍，须发飘飘的古人仿佛从天而降一般突然出现在人群中。众人被惊得目瞪口呆，刚才热烈的讨论好似川流突然被合上水闸，戛然而止。

"诸位无须惊讶，我并非从天而降，而是受邀前来。至于期间的曲折原委也无须详述。总之从今天开始，这里将开启一系列为期十八天的生物学讲座，每一天都会有不同的'大师'来为你们授课，保证令你们惊喜无限，受益多多。

"当然，我能够作为'神秘生物讲堂'的第一位嘉宾来到遥远的东方古国与你们探讨生物学知识，深感荣幸。今天我将尽我所能，把我在生物学上的微薄建树与大家分享。"

"亚里士多德老师，我知道您是一位博学广识的学者，在很多学科上都有所建树，但恕我直言，您在后世最知名的身份仍然是一位哲学家。我特别好奇，是什么原因会让一位哲学家对生物学产生兴趣呢？"提出上述问题的是一位学究气十足的中年男子，他字句铿锵，中气十足。

"哈哈，这个问题问得好，我刚才还发愁不知该从何讲起，多谢这位同学给我提了醒。咱们今天既然要讲生物学，自然要从生物学的起源说起。生物学和其他科学一样，其根源可以追溯到远古时代。从那个人类还处于幼年的蒙昧时代起，面对生机勃勃的自然界和绚丽多姿的生命现象，人们的好奇心开始萌动，他们一遍遍地猜测、观察、探索，从植物到动物，再到人体，研究越来越深入，成果越来越丰富，而这门研究生命的学科也越来越成熟。"

讲到此处，亚里士多德老师稍微顿了顿，抬起头来看了一眼刚才提问的同学，然后接着说道："刚才那位同学问'为什么一个哲学家会对生物学产生兴趣'，现在我们可以来揭晓答案了。这是因为在19世纪之前，生物学一直属于自然哲学的一部分，所以早期的哲学家们一直对这门学科保持着浓厚的兴趣，也为这门学科做出了许多贡献。"

"首先是自然哲学家爱奥尼亚及其信徒，他们不再将自然现象委之于灵魂以及其他超自然物，而是把自然现象与自然的原因和来源联系起来，致力于寻求事物的自然规律。这为生物学的发展奠定了一块重要基石。"

"随后又出现了两个著名的哲学学派，一个是强调世间万物永远处于不断变化中的赫拉克利特学派，一个是强调原子永恒不变性的德谟克利特学派。后者的某些思想对我研究生物学产生了一定影响，而由他首次提出的关于原子结构、自然现象，特别是生物现象，究竟是纯粹属于机遇还是完全按自然发生的这一问题，也引发了后世生物学家的很多思考。"

"亚里士多德老师，我记得和德谟克利特同时代的还有一位叫作希波克拉底的医生。据说他为生物医学总结了大量的解剖学和生理学知识，不知您可否对他的学说稍做讲解呢？"这次提问的是一位戴着金丝边眼镜的女医生。

"哦，你说到了**希波克拉底**，这自然是我们不可错过的一位重要人物。关于他那句'对于病人，有两件事要作为习惯——一是要救治，二是至少不要伤害'的名言，相信你们都有所耳闻。他的确是一位非常称职的医生和注重实践的思想家。他提出'体液学说'，认为人体由血液、黏液、黄胆和黑胆四种体液组成，这四种体液的不同配合使人有不同的体质，

刘成老师评注

　　希波克拉底出生在小亚细亚科斯岛的一个医生世家，祖父、父亲都是医生，母亲是接生婆。他从小继承祖业，跟随父亲学医。父母去世后，他在希腊、小亚细亚、里海沿岸、北非等地边游历，边学医。他在不断的历练中获得了丰富的医学知识，最后创立了独立的医学学派，对古希腊医学的发展贡献良多。

亚里士多德之前的生物学发展简史

爱奥尼亚及其信徒 ▶	他们不再将自然现象委之于灵魂以及其他超自然物，而是把自然现象和自然的原因和来源联系起来，致力于寻求事物的自然规律。
赫拉克利特学派 ▶	他们认为万物的本原是火，宇宙是永恒的活火。其基本出发点是：这个有秩序的宇宙既不是神也不是人所创造的，宇宙本身是它自己的创造者，宇宙的秩序都是由它自身的逻辑所规定的，世间万物永远处于不断变化之中。
德谟克利特学派 ▶	他们是原子论的倡导者，强调原子的永恒不变性。他们认为万物的本原是原子和虚空，原子是不可再分的物质微粒，虚空是原子运动的场所。人们的认识是从事物中流射出来的原子形成的"影像"作用于人们的感官和心灵而产生的。
希波克拉底 ▶	他把疾病看作发展着的现象，认为医师所应医治的不仅是病，而是病人，从而改变了当时医学中以巫术和宗教为根据的观念。

医生当通过调理体液平衡来实施治疗。这一观点对以后西方医学的发展产生了巨大的影响。"

"不仅如此，希波克拉底在人体解剖学上做出的贡献也是不容忽视的。"亚里士多德老师捋了捋胡须继续说道，"他在著名的外科著作《头颅创伤》中，详细描绘了头颅损伤和裂缝等病例，提出了施行手术的方法。总之，希波克拉底对生物学，尤其是其中的生理学和解剖学的影响是巨大的，因此他也获得了'医学之父'的赞誉。"

🐾 亚里士多德的生物学观点

"以上就是在我之前的生物学简史，接下来，就进入了我和我的导师柏拉图的时代。"说到此处，亚里士多德老师严肃的脸上露出一抹无奈的微笑。

"关于您和您的老师柏拉图的争端我们也有所耳闻，据说你们曾因哲学观点不同而决裂，而正是这次决裂促使您离开雅典，来到莱斯博斯岛潜心研究生物学，从而也阴差阳错地成就了您今天在生物学上举足轻重的地位。"

说话的仍是第一次提问的中年男子，他的话好像勾起了这位希腊学者的遥远回忆。亚里士多德老师背着手，围着火堆踱着步，默然不语，若有所思。

"我曾说过'吾爱吾师，吾更爱真理'，关于哲学上的那些纠纷在这里暂且不提，但是关于生物学上的分歧，我还是要一如既往地坚持故我。"沉默良久的亚里士多德老师突然开口，接下来课程又步入了正常节奏。

"我的老师柏拉图是一位伟人的哲学家，这一点无可否认，不过他阐述的生物学观点在生物学的发展过程中起到的无疑是反面作用。既然柏拉图老师的生物学观点并无太多益处，那么作为学生的我在这里就不再多加评论。不过，最后我必须客观地补充一句，那就是不管他的生物学思想中有多少精华和糟粕，都对我后来的生物学研究产生了一定的影响，这一点是毋庸置疑的。"

听了亚里士多德老师对自己的导师柏拉图这番客观公正的评价，四周响起了热烈的掌声。可是亚里士多德老师并不为之所动，待掌声落下后，他仍旧平和地继续讲下去。

"接下来要介绍的是我自己的生物学观点。首先要说明的是，尽管我十分热爱生物学研究，也为这门学科做出了一些贡献，但是作为一名哲学家，我的生物学研究只

刘成老师评注

柏拉图对生物学的看法是非常宗教化、目的化的。他支持创世说，认为人类不是从简单的生物进化而来的产物，而是永恒完美的神按照理性和智慧设计出来的"产品"；而其他的生物则是由人退化而来，甚至连女人都是此等产物，她们是由"胆怯、在错误中浪费生命"的男人们的灵魂变成的。

是我整个哲学体系中的一个环节，而哲学上的一些狭隘观点也对我生物学的研究造成了一些禁锢。不过有失有得，我的哲学观虽然让我对事物的认知产生了许多偏颇，但同时也帮助我开创了一种具有影响力又富有成效的哲学和生物学研究方法，并且扩大了我对生物学的研究范围，让我的思想和视野都更加开阔。"

"没错，如今我们一致公认，生物学史的各个方面都是从您开始的。您是将生物学分门别类的第一人，是详细叙述动物生活史的第一人，同时您还写出了关于生殖生物学和生活史的第一本书。这些伟大成就无疑证明了那句话的正确性——'在达尔文之前，再没有一个人比亚里士多德对我们了解生物界做出的贡献更多了。'"一位大学生打扮的男生发表了以上感慨。

"哈哈，多谢这位同学的谬赞。关于后世的评价我就不发表看法了，接下来我还是继续与大家分享一些我对生物学以及对生物学研究的看法吧。我是一位经验主义者，我的推论总是根植于我过去的观察。我的生物学知识来源于先辈们的著作，从农民、猎人、渔民那里获得的信息，以及我自己的观察和解剖。我在做研究的时候，经常提出的并不是'怎样'，而是'为什么'。为什么生物界中的目的导向活动和行为如此之多？总之，对于我来说，一切结构和生物性活动都有其生物学意义，而正是抱着这种观点和这些疑问我才开始了在分类学上的探索。"

🌑 动物学分类

亚里士多德老师继续讲道："当我面对这纷繁复杂、多种多样的大自然展开研究时，在我脑海中浮现的第一个想法就是，能不能找到一个普遍的准则，可以让科学家们对不同的生物加以分类。"

"在我之前，西方人大多按照我的导师柏拉图提出的两叉式分支法来划分动物的种类，如把动物分成水栖动物和陆上动物、有翅动物和无翅动物等互相对立的类别。我对这种分类方法进行了研究，发现这其中存在一个很大的弊端，就是会把亲缘很近的动物分开，而把亲缘很远的动物放在一起。例如，把有翅蚁分在有翅动物里，把无翅蚁分在无翅动物里，这显然是不合理的。所以，为了解决这种弊端，我开始尝试寻求一种通过区别不同类动物特征来区分动物的分类方法。"

"为了实现这一目标，我留心观察了 520 多种动物，还亲手解剖了其中的 50 多种，以比较不同类型动物之间的差异。**起初，我发现，可以用血液的有无作为标志，把整个动物界分成两大类——有血液的动物和没有血液的动物。**但是，这只是初级分类。接着我又依据动物的形态、结构、习性、生殖方式、出生发育水平等方面的特征，给不同的动物分出了更精细的层级。"

"亚里士多德老师，我是一名动物学博士，您写的《动物自然史》《动物的组成

刘成老师评注

在生物学史上，亚里士多德首先根据动物体内有无红色血液，将动物分为"有血的"和"无血的"两大类。这种分类方法被人们一直沿用到拉马克将它改名为"脊椎动物"和"无脊椎动物"。

不是"怎样"，而是"为什么"

部分》和《动物的繁殖》等文章我都拜读过，不知可否让我代劳，把您的动物学分类研究讲完呢？"坐在张秋旁边的那位学者看亚里士多德略显疲态后，主动请缨。在亚里士多德老师点头默许后，他便接着讲了起来。

"要理解亚里士多德老师对动物学的分类，首先要了解他对生物性状的热与冷、潮湿与干燥的一些看法。他认为热优于冷，潮湿优于干燥。比较热又比较潮湿的动物会更具理性，而比较冷又干燥的动物则缺少较高级的'灵魂'。

"正是基于这种观点，亚里士多德老师将我们现在称为'哺乳类'的动物放在了阶梯的顶端，因为这些动物的成员是温暖和潮湿的，没有土性，而且它们的幼体生下来的时候是完整的，能自己活动，并由这类动物的雌体哺乳长大。其次一级的生物虽然不够温暖，但仍然是较潮湿的。这些动物也是一生下来就能自己活动。但它们是由卵发育而成的，这些卵在母体内生长发育。再往下一级的是温暖但干燥的动物，它们产出完整的卵，如鸟类和爬行动物。比它们再低一级的则是那些冷和土性的动物，它们产的是不完整的卵，例如青蛙。此外，亚里士多德

亚里士多德的动物分类表

类别	部类	属性
有血液动物	胎生四肢动物	有毛
	卵生四肢动物	皮上有鳞
	卵生二肢动物	有羽毛，能飞
	卵生（或胎生）无肢动物	有鳞，水栖，用鳃呼吸
	胎生无肢动物	水栖，用肺呼吸
无血液动物	软体类	体软，呈袋状，足生在头部
	软体甲壳类	体软，多足，表皮角质
	介壳类	体软，无足，覆有硬壳
	昆虫类	身上有刻纹

老师认为,在一切有性生殖的动物中,最低等的形态是蠕虫,它们会产卵。沿着这个阶梯再往下则是蚤虱,它们是自然发生的。"

🌀 三种生殖方式研究

"没错,这位同学说得很好。我一直认为,生物所具有灵魂的多少及其质量的高低决定了它的习性和能力,同时也决定了它的结构和物种的完整性。我认为自然界共有三种灵魂,分别是生殖灵魂、感觉灵魂,以及理性灵魂。植物只有生殖灵魂,适于植物的生长和繁殖。动物还有感觉灵魂,便于动物的感觉和运动。而人类除了具有动物的感觉灵魂外,还具有理性灵魂。这个灵魂不在人的大脑里,而在人的心中。这是我提出的'三种灵魂'学说。"稍作休息的亚里士多德老师接过学者的话,继续说道。

"亚里士多德老师,我发现在您的分类学理论中主要的研究对象都是动物,对植物的研究不多,这是为什么呢?"一直在旁认真听讲的张秋首次发问。

"哦,这个问题我要怎么回答呢?"亚里士多德老师略微思考了一下,"我只能说,我并没有故意厚此薄彼。可能是我个人对动物学的兴趣更加浓厚,因为我上面也说过了,我一直认为动物是比植物更高级的生物,它们的生殖和发育过程更为复杂,更具有研究性。"

"您提到了动物的生殖和发育,我知道您对此也颇有研究,不知可否介绍一下?"张秋很有礼貌地提出要求。

"当然可以。"亚里士多德老师爽快答应,"关于动物的生殖和发育是我一直在探索的课题。我认为动物的生殖有三种主要方式。一种是有性生殖,像高等动物以及某些昆虫都是通过这种方式来繁衍后代的;另一种是无性生殖,像海星、蠕虫、贝壳等就是通过无性生殖繁殖的;而蚤类、蚁虫和各种虱子则是通过自然发生产生的,这是第三种生殖方式。"

回答了张秋的提问,亚里士多德老师继续讲道:"动物的生殖有三种方式,

动物的三种生殖方式

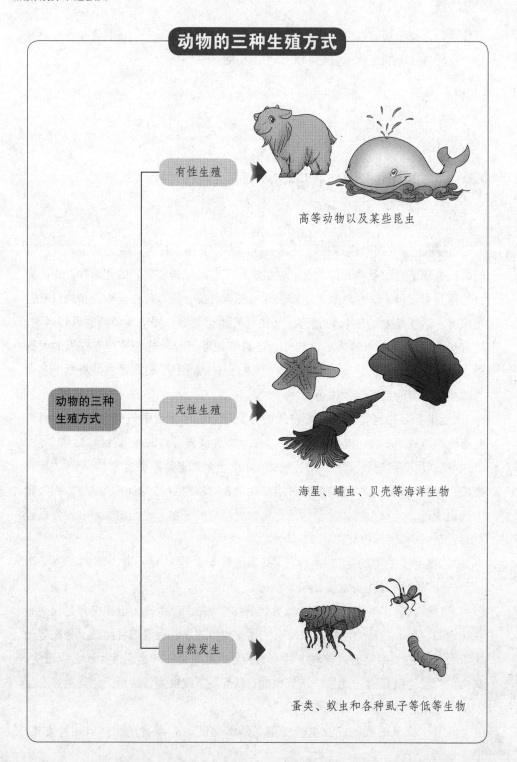

有性生殖

高等动物以及某些昆虫

动物的三种
生殖方式

无性生殖

海星、蠕虫、贝壳等海洋生物

自然发生

蚤类、蚁虫和各种虱子等低等生物

那么新生物出生之后又是如何发育的呢？这便是我接下来思考的问题。在把我的哲学观点和生物学观点进行综合之后，我提出了一个观点——胚胎不是一个在发育过程中不断扩大的完整实体，而是一种受到物质影响的潜能，这种潜能随着时间的流逝不断表达出来。"

"恕我直言，您这些话有点过于深奥，我没太听懂。"张秋诚实地说出自己的疑惑。

"没关系，我可以再给你做一些具体的解释。**我们都知道生物分为雌性和雄性，在一个新个体的产生过程中，雄性通过精液提供生长和发育的原因，而雌性以经血的形式提供被动的物质来形成胚胎以及滋养胚胎的生长。**"

"也就是说，您认为，尽管雌性在繁殖下一代的过程中是十分必要的，但是雄性才起决定作用的因素。也正是因此，您才提出了'雌性是雄性残缺形式'的观点，是吗？"张秋显得有些情绪激动。

刘成老师评注

在亚里士多德看来，相对于雌性而言，雄性是更为完善和温暖的，所以在两性对子代贡献的问题上，他认为雌性的作用是提供形式、运动和活力；而雄性的产物或"种子"是在血液中，经过最完善的"烹调"过程而形成的，并继承着最纯净、最能创造"形式"等性质。

"好了，我知道我的很多观点在你们现代人看来有点不合时宜，不过你也要体谅我的时代局限性啊，不要求全责备。总之，以上就是我个人在前人的基础上，对生物学做出的一些研究，希望能够对你们有所启发。"

话音刚落，亚里士多德老师人已走远。看着他翩然远去的背影，众人只觉是如梦初醒。这一切太不真实了，可偏偏是现实。张秋前来只是参加一个课后的生物学小组活动，根本没想到会有这般奇遇。

夜已深了，众人渐渐散去。张秋独坐在篝火旁，思绪万千。刚刚这堂生物课给张秋带来了很多全新的思考和启发，她有种预感，自己将在这18堂课后实现知识上的飞跃。

怀着满腔期待，张秋快步穿过密林，走回寝室，一路上猜测下一堂课的老师人选。反正不论是谁，总之一定不会令人失望。

亚里士多德老师推荐的参考书

《动物志》亚里士多德著。这本书详细讨论了动物的内在和外在部分、动物所有构成的不同成分。书中对500多种动物进行了详细的描述，当时希腊人所知道的每一种动物几乎都被注意到了。不仅如此，对于某些种类，亚里士多德还进行了细致、恰当、精确的说明。这是一本集合了亚里士多德一生动物学研究大成的伟大著作。

第二堂课

盖伦老师主讲"描述性解剖学"

人的生命由"自然灵气""动物灵气"和"生命灵气"控制。

克劳迪亚斯·盖伦（Claudius Galenus，129—199）

　　克劳迪亚斯·盖伦出生于小亚细亚爱琴海边的珀加孟，是古罗马时期最著名、最有影响的医生和解剖学家。他一生致力于医疗实践解剖研究、写作和各类学术活动，在解剖学、生理学、病理学及医疗学方面有许多新发现。他对人体许多系统解剖结构进行了详细描述，并且结合解剖构造提出了血液运动理论。这一理论在很长一段时间内被西方学者奉为经典。此外，他还提出了"气质"这一概念，用气质代替了希波克拉底体液理论中的人格，形成了四种气质学说。此分类方式在心理学中沿用至今。总之，直到16世纪，盖伦一直被欧洲人视为一名医学权威，他的理论和著作在生物学，尤其是在解剖学上产生了极大的影响。而盖伦本人因其在解剖学上做出的极大贡献而被后人尊称为"解剖学之父"。

又到了生物小组活动的时间了。张秋带着生物书和笔记本，走出寝室。走到门外，她深吸一口冷气，顿觉神清气爽。此时已是夏末秋初，白露刚过，夜风吹来，略带了几分凉意。张秋裹紧外衣，将书本紧抱胸口，一直在高度运转的小脑袋被这冷风吹得更加清醒。

"三种灵魂"学说和"三种灵气"理论

"诸位好，我是古罗马医生盖伦。今天能够来到这里与大家共同探讨解剖学和生理学的知识，我感到万分荣幸，希望我们能共度一个丰富而愉快的夜晚。时光宝贵，闲话少说，我们就开门见山，直奔主题吧。"一番简短的开场白过后，不给大家留点儿"热身"时间，盖伦老师便直接开讲了。

"我听说上节课给你们讲课的是亚里士多德老师，我猜，他一定向你们介绍了他的'三种灵魂'学说。"

刘成老师评注

毕达哥拉斯学派是古希腊时期一个集政治、学术、宗教三位于一体的组织，该学派认为数是万物的本原，事物的性质是由某种数量关系决定的，万物按照一定的数量比例而构成和谐的秩序。由此提出了"美是和谐"的观点，认为外在的艺术的和谐同人的灵魂的内在和谐相合，产生所谓"同声相应"。

"没错，亚里士多德老师说，自然界共有三种灵魂，它们分别为生殖灵魂、感觉灵魂和理性灵魂。植物只有生殖灵魂，动物有前两种灵魂，而人则具备这三种灵魂。"一位身穿蓝色制服、工人模样的年轻人抢先答话。看来"神秘生物讲堂"听众不仅有在校大学生，还有来自社会上各行各业的生物学爱好者。

"这位小伙子说得很对，不过在这里我还要帮你补充一点，那就是亚里士多德并非是第一个提出'三种灵魂'学说的人，早在公元前5世纪，**毕达哥拉斯学派**的菲洛劳斯就提出了人体具有三种灵魂的说法。

菲洛劳斯认为，人类具有三种灵魂，一是生长灵魂，这是人、动物和植物所共有的，它位于人体脐部；二是动物灵魂，这是人和动物所共有的，它位于心脏，主管感觉和运动；三是理性灵魂，这只有人才具备，位于脑部，主管智慧。亚里士多德的三种灵魂学说正是在此基础上发展而成的。"

"盖伦老师，恕我直言，我不明白您为什么一开始就要跟我们探讨'灵魂'问题，我实在不知道这和生物学有什么关系。"一位大学生模样的男生冒昧发问。

"这位同学你先别心急，你们中国不是有句古话叫作'抛砖引玉'吗，我这是循序渐进，先用砖头给你们做好铺垫，然后引出后面的主题。"盖伦老师幽默地回答了那位男生的问题，之后回归正题。

"听过亚里士多德老师课程的学生应该知道，在古希腊和古罗马时期，哲学

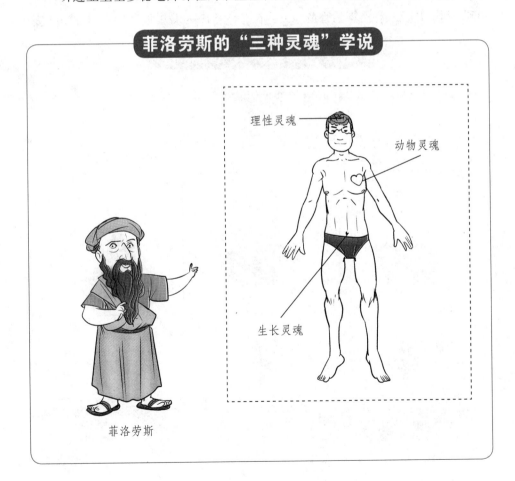

菲洛劳斯的"三种灵魂"学说

理性灵魂

动物灵魂

生长灵魂

菲洛劳斯

和生物学是不分家的，所以每一个生物学家的研究成果基本都是建立在他的哲学体系之上的。当然，我也不例外，我所提出的'三种灵气'学说，正是在吸收了前人的宝贵知识遗产，又将我对解剖学知识和生理学知识与哲学体系结合后构建起来的。

"首先，我沿袭了亚里士多德的观点，认为人的生命由生殖灵魂、感觉灵魂和理性灵魂三个重要部分控制，但是生命要依靠空气或宇宙的呼吸——灵气来维持，因此我又在三种灵魂的基础上提出了'自然灵气''动物灵气'和'生命灵气'的理论。"

"那么您的'三种灵气'理论和之前的'三种灵魂'理论有何区别呢？"刚才的男生又忍不住发问了。

"区别就在于，我将这'三种灵气'分别与人体的三个主要器官——肝脏、脑和心脏，以及三种类型的管道——静脉、神经和动脉构建了联系。自然灵气来

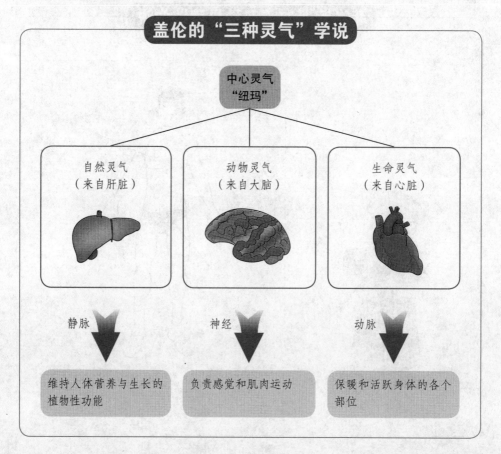

盖伦的"三种灵气"学说

中心灵气"纽玛"

| 自然灵气（来自肝脏） | 动物灵气（来自大脑） | 生命灵气（来自心脏） |

静脉　　　　　神经　　　　　动脉

维持人体营养与生长的植物性功能　　负责感觉和肌肉运动　　保暖和活跃身体的各个部位

源于肝脏，位于人的消化系统，由静脉分布，负责维持人体营养与生长的植物性功能；动物灵气在大脑中产生，对应神经系统，负责感觉和肌肉运动；第三种控制运动的生命灵气在心脏中形成，位于呼吸系统，由动脉进行分配，主要的责任是保暖和活跃身体的各个部位。"

"那么这三种灵气是各自运作呢？还是彼此之间有什么关联呢？"人群中一位医生模样的女士突然发问。

"这三种灵气都来源于一个统一的'中心灵气'，我将其称为'纽玛'。这种'纽玛'存在于空气中，人体通过呼吸，吸进'纽玛'进而活动。"盖伦老师捋着胡须，从容不迫地答道。

"您的意思是说，人体从自然界的空气中获得'中心灵气'纽玛，然后'纽玛'进入体内后又分别通过肝脏、心脏和大脑转化为三种灵气，这三种灵气又分别通过静脉、动脉和神经分配到人体全身，以维持人体的正常运转。我这样理解对吗？"女医生按照自己的理解为盖伦老师的"灵气理论"做了一个小结。

"非常正确。"盖伦老师赞许地点头笑答，继续说，"不过，以上所讲只是三种'灵气'在体内的基本运转方式，如果想要进一步掌握它们精心运作和分配的详细过程，就需要了解我提出的另一条理论——'血液运动理论'。"

⬤ 血液运动理论

"所谓'血液运动理论'，顾名思义，是血液在运动，而非其他别的物质。在我之前，有很多人一直坚持认为在人体的动脉内流动的是空气而非血液，这是一种严重的谬误，对此，我通过一个简单而直接的实验给予了反驳。

"首先，我把活体动物的动脉暴露出来，然后将两端结扎，再在两端结扎线之间切开血管，这时便会看到，从动脉中流出的是血液而不是空气。这就说明，在正常情况下，血管中流动的是血液而不是空气。"

"在证明了动脉中存在的是血液而非空气后，接下来我们要解决的问题就是，血液究竟是如何产生的？产生之后又是如何在人体内运动的？"讲到此处，盖伦老师稍作停顿，似乎是故意给大家留下思考的时间。

"通过对动物解剖的实验我发现，血液是不断地从可吸收的食物中合成的。"见刚才的问题无人回答，盖伦老师又继续讲了下去。

"我认为肝脏是有机生命体的源泉，也是血液活动的中心。人们吃下食物后，食物的有用部分被消化成乳糜状的营养物，接着由肠道通过门静脉送入肝脏，最后在肝脏中转化成深色的静脉血，并带有自然灵气。带有自然灵气的血液从肝脏出发，沿着静脉系统分布到全身。它将营养物质送至身体各部分，并随之被身体

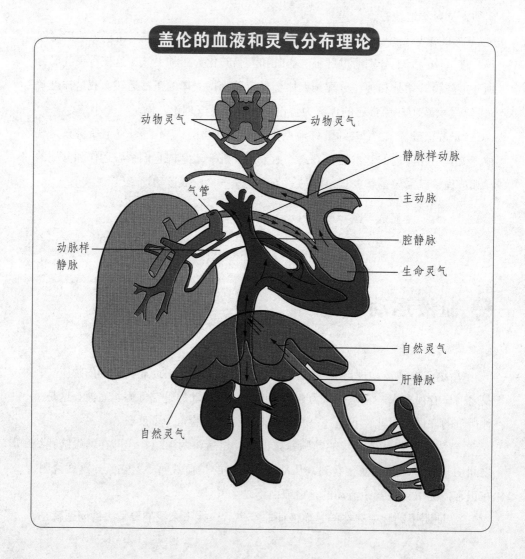

盖伦的血液和灵气分布理论

动物灵气　　　　　　　　　　　动物灵气

　　　　　　　　　　　　　　　　静脉样动脉

气管　　　　　　　　　　　　　　主动脉

动脉样
静脉　　　　　　　　　　　　　　腔静脉

　　　　　　　　　　　　　　　　生命灵气

　　　　　　　　　　　　　　　　自然灵气

　　　　　　　　　　　　　　　　肝静脉

自然灵气

各部分吸收。"

"那么这些血液最终去了哪里呢？它们是又流回肝脏了吗？"一名听得十分认真的女大学生发问。

"不，它们不做循环运动，而是以单程直线运动方式往返活动的，犹如潮汐一样一涨一落朝着一个方向运动。肝脏不断地造出血液，人体不断地将它们吸收，以新代旧。"

"血液在人体中应该是循环流动的，并没有被吸收，您的这种说法与现代医学不符啊？"人群中一位年轻人冒昧发问。

"每一种科学及理论都有其时代局限性，用现代的观点去评价前人是没有意义的，盖伦老师的'血液运动理论'在当时已经具有突破性意义了，我们不该求全责备。"还没等盖伦老师开口，刚才的女医生抢先为他做了辩护。

"人活一世，死后的事谁还管得着，真理是需要后人不断检验和更新的。不论对错，我今天在这里只想把我当时的理论观点原原本本地呈现给你们。"盖伦老师的一番豁达言论博得满堂喝彩，待掌声慢慢落下之后，他又继续讲了起来。

"刚才我讲的是位于肝脏中的自然灵气的运作，接下来我们再探讨一下位于大脑的'动物灵气'和位于心脏的'生命灵气'的分配。"

"'生命灵气'在心脏形成，因此要了解它的运作，首先要了解心脏的构造。**我认为心脏的右侧是静脉系统的主要分支，而且心脏中隔有气孔，血液可以穿过心脏的右侧流到左侧。**从肝脏流出的血液流入心脏的右边，一部分自右心室进入肺，再从肺转入左心室；另一部分则可以通过心脏间隔的小孔而进入左心室。流经肺部而进入左心室的血液，排出了废气、废物，并获得了生命灵气，而成为颜色鲜红的动脉血。带有生命灵气的动脉血，通过动脉系统，分布到全身，使人能够有感觉并进

刘成老师评注

盖伦关于"心脏中间隔有气孔，血液能够通过小孔往返于心脏两边"的说法是错误的，这纯粹是他为了"自圆其说"的猜测，实际上并不存在。事实上，盖伦的许多解剖学和生理学认识都是建立在错误的结论基础之上的。之所以会这样，是因为盖伦所进行解剖的对象是动物，而不是人，这就导致他的生理描述往往脱离实际。

行各种活动。有一部分动脉血经动脉进大脑，在这里动脉血又获得了动物灵气，并通过神经系统分布到全身。"

🌑 关于解剖学和心理学的其他观点

"以上就是我用'三种灵气'学说和'血液运动理论'构建出的人体运转体系的全部内容。我知道这其中有很多观点在你们现代人看来很幼稚，不过限于时代的局限性，希望你们能给予谅解。"一口气讲完全部理论知识后，盖伦老师用一句谦虚的评语为自己做了小结。

"盖伦老师，您也不必对自己太过苛责了。我们知道，在古罗马时代，是禁止解剖人体的，所以您只能通过解剖不同的动物来研究生理学体系的细节。可是人体的构造与动物毕竟不同，这就难免会造成偏差。"女医生善解人意地发表了自己的看法。

"没错，比如盖伦老师通过解剖狗了解到，狗的肝脏是五叶的，所以他就认为人体的肝脏也是五叶的，可事实上，狗的肝脏和人体的肝脏是不一样的。"刚才出言不逊的年轻人又抢着发言，虽然他这一次是想为自己刚才的"不礼貌言行"打个圆场，可是他的好话也让人听起来不那么舒服。

那个年轻人发言之后，众人一时不知如何接话，现场陷入一片尴尬。见此情景，盖伦老师赶紧说道："好了，诸位同学，咱们上课的目的就是在一起交流研究经验心得，你们不必如此拘谨，大可自由发言。你们中国不是有句话叫作'三人行必有我师'嘛，作为一名科学家，我十分愿意接受大家给我的批评建议。"

听了盖伦老师的这番话，大家都松了一口气，现场的气氛也立刻活跃了起来，众人纷纷起来提问。

"盖伦老师，我知道您是一位注重实验多过理论的伟大科学家，您曾通过实验的方法得出过许多重要结论，能不能给我们简要谈谈？"女医生抢先发问。

"是的，我经常告诫我的读者，即使是面对伟大的希波克拉底的著作，也一定要通过直接走进大自然和观察动物的结构与功能来证实和考察。正是抱着这种观点，我进行了一系列的实验研究。通过解剖大脑、脊髓和神经，我证明了神经的起源是在大脑和脊髓，而不是在心脏。"

"同时，我还在实验中发现，椎骨的不同部位受伤会引起不同的后果。若第一节和第三节之间的椎骨受伤，会立即导致死亡；若第三节和第四节椎骨受伤，会抑制呼吸；第六节椎骨以下的损伤会造成胸廓肌肉瘫痪；再低部位的脊椎损伤会引起下肢、膀胱和肠的瘫痪。"盖伦老师详细地回答了女医生的提问，并示意其他人可以继续提问。

"您关于人体神经系统的研究果真细致到位，不过据我所知，您的研究还不止于此，在《论精液》一书中，您对生殖器官的结构和功能的知识也做了全面的总结。"这次提问的是刚才那位听讲最认真的女大学生。

"没错，不止《论精液》这一本书，**我在另一本著作《论身体其他部位的用途》中，也对生殖器官有过重要论述。**首先，我认为人类是所有动物中最完美的一类，而男人又优于女人，因为男人具有更多的大自然原始器官以及过度的热量。而生殖是命中注定的，因为睾丸承担血液加热与改善的任务，胎儿是因为热量不足才变成女性的。其次，我还认为，女性的生殖器官是男性部分的有缺陷或里外颠倒的生殖器，它们是由于热量不足才只能在胎儿体内形成，而无法在体外形成及延伸到体外。"

"您的这种生殖观点里，明显含有对女性的歧视。而事实上，现代生物学已经证明了，女性并非比男性低级，相反，女性的进化其实是更完整的。"涉及性别的敏感话题，连女医生都不淡定了。

"好啦好啦，我只是如实汇报一下我的研究成果，诸位不要又扯远了。天不早了，咱们这堂课散了吧。最后说一句，今天在这里与你们度过的这段时光，我很开心。"话音落下，盖伦老师带着微笑渐渐淡出人们的视线。

刘成老师评注

　　虽然盖伦并没有认识到卵子和精子的存在，但他已认识到女性分泌的黏液和男性分泌的精液在功能上是不同的。他认为女性黏液量少、稀薄、较冷、较弱，其主要功能是养护精液。在其后的胚胎发育中，由它形成尿膜。男性的精液量多、稠厚、较热、较强，在其后的胚胎发育中，由它形成毛膜、羊膜、血管、神经、肌肉、骨骼等。

此时篝火已渐熄,夜色沉沉。众人都纷纷起身离去,踏上归程。

 盖伦老师推荐的参考书

《论解剖过程》 盖伦著。在本书中,详细记载了有关脊椎的一系列实验,正确指出了当颈椎不同部位的脊髓被切断时,对人体造成的不同影响。

《论身体各部分的功能》 盖伦著。在本书中,盖伦具体阐述了他对人体生殖系统的实验研究发现以及自己的相关看法,其中很多观点在当时都具有突破性意义。

第三堂课

哈维老师主讲"血循环理论"

心脏就像一个"泵"，心脏的搏动产生了血液的循环运动。

威廉·哈维（William Harvey，1578—1657）

哈维出生在英国一个富裕农民的家庭，是近代生理学、解剖学和胚胎学的奠基人之一。哈维早年致力于古典医学著作的研究，用八十余种动物做实验，将他多年来的研究成果写成《动物心血运动解剖论》，于1628年发表，被称为生理学史上最重要的著作。在这部著作中，哈维推翻了盖伦提出的血液单向运动的学说，正式提出血液循环的观点，为整个生物史乃至科学史做出了极大的贡献。

自从前几天听完盖伦老师的"解剖课"，张秋对生物学的兴趣日益加深，每天沉迷于阅读解剖学的著作，不分白天黑夜地研究"人体模型"。昨天她读到维萨里为了研究人骨，不惜半夜去偷绞刑架上罪犯的头颅时，深感震撼。

今晚第三位"神秘老师"又要登场了，不知道今天张秋和同学们又会经历怎样的"头脑风暴"呢？

《人体的构造》对哈维的启发

"晚上好，我是威廉·哈维。"一位瘦弱文静的英国人悄无声息地走上篝火旁的讲台，用温柔的声音跟大家打了招呼。

"今天的主讲老师是被公认为'生理学之父'的哈维老师，据说他曾担任过詹姆士一世国王和查理一世国王的宫廷御医，并且以治学严谨和为人谦虚著称，深受人们的尊敬和爱戴，是一位德才兼备的伟大生物学家。"哈维老师刚一亮相，就有一位嘴快的同学替他做了"身世简介"。

"这位同学谬赞了，我不过是站在巨人的肩膀上才显得高大。与其夸耀我的功绩，不如多去了解我的先辈导师们的著作。"这位谦逊的生物学老师让大家更加心生敬佩。

"罗马城不是一天建成的，生物学上每一次突破性的发现都是前人经过了无数次的尝试和探索才取得的，所以我们不能把一项成果仅归功于一人。就像今天我们要学习的'血循环理论'，你们只知道是我第一次发现并提出了这个观点，却不知道，其实在此之前，早已有许多伟大的科学家为我铺好了道路。"哈维老师继续语重心长地说着他的"开场白"。

"是的，要不是维萨里对人体的结构进行了深刻的解剖和细致的分析，把解剖学发展到一定高度，塞尔维特就不会发现肺循环，法布里修斯也很难发现静脉瓣，而没有这两者的基础，哈维老师的'血循环理论'再伟大也只能是个空想。"上节课那位爱发言的女医生按时出席，并且以一贯的冷傲口吻"发表"了自己的专业见解。

"没错，这位同学总结得很好，所以，虽然今天我们的主要课题是'血循环理论'，但是为了让大家对文艺复兴时期的生物学发展有更好的了解，我决定这堂课先从维萨里老师的解剖学研究讲起。"在做好了一长串的铺垫后，慢条斯理的哈维老师终于正式开始了今天的课程。

"一个人如果对天文学不感兴趣，这是可以理解的，但是如果说一个人对自己的身体不感兴趣，这听起来简直是荒唐可笑的。所以说，人体解剖学的发展是一件非常自然而然的事，只不过，维萨里这位比一般人要聪明果断一些的天才科学家，率先在这一领域做出了突破。

"维萨里受盖伦的影响很深，诸位已经听过盖伦老师的课，对盖伦老师在解剖学上的一些观点应该有所了解。盖伦老师的许多观点虽然很有突破和建设性，可是由于他的人体解剖学理论主要是建立在动物解剖基础上的，所以其中难免有很多谬误。而维萨里对生物学做出的最大贡献之一就是，通过亲自解剖人体，纠正了这些谬误。

"比起盖伦，维萨里是位幸运的解剖学家，因为他得到了亲自解剖人体的机会。正是在这些实体解剖经验的帮助下，维萨里写成了《**人体的构造**》这部揭示了人体奥妙的伟大著作。在这本书里，他对骨骼、关节、肌肉、血管系统、神经系统、腹腔、心和肺都做了详细的描述和分析，为我们揭示了人体的真正构造。"

"就像哥白尼的'日心说'把地球搬离了原来的宇宙中心位置一样，维萨里的人体结构研究也颠覆了人们对'人体小宇宙'的许多观念。比如按照《圣经》里的观点，女人是男人的肋骨变成的，因而男人的肋骨要比女人少一根。可是维萨里通过解剖人体发现，其实男人和女人的骨头数是相同的，这一发现不但让人们重新认识了自身的构造，同时也对人们的思想进行了一次洗礼。"最近正痴迷解剖学的张秋突然大发感慨。

刘成老师评注

　　《人体的构造》是一部体系庞大的著作，共分七册。第一册讨论骨骼和关节；第二册讨论肌肉；第三册至第七册对人体的动脉系统、神经系统和内脏部分进行系统的介绍。这套书不仅叙述详尽，还有一大特点就是插图多，而且绘制极其精致准确，这一点超过古代任何一本解剖学著作。

"这位女同学说得非常好，维萨里对人体结构的研究在生物学上真的具有非常重大的意义。之前盖伦一直坚持认为，血液是单向流动的，但是他没法解释心脏内部的血液流动。为了自圆其说，他提出了'心脏中隔有气孔'的说法，说心脏两侧的血液交换是通过气孔实现的。到了维萨里这里，他虽然没有完全否认盖伦理论中关于隔膜上有小孔的说法，但是他在书中描述了心脏里的不同瓣膜和心室之间的中隔，并且注意到中隔上面分布的是小坑，而并非气孔。维萨里的这一发现对我发现血液循环运动这一现象有很大的启发。"

🐾 从塞尔维特到法布里修斯

"比起维萨里对中隔上没有气孔的发现，塞尔维特提出的'肺循环'理论应该对您产生了更大的影响吧？"发言的是那位一脸严肃的女医生。

"没错，他也是一位对我产生了巨大影响的生物学家，不仅是他的生物学成就，他坚持真理的勇气给了我很大的鼓励。"

"关于塞尔维特的坎坷人生经历，大家应该都听说过，由于他公然反对盖伦的学说，坚持肺循环的理论，结果最终被宗教势力活活烧死。虽然这位伟大的生物学家的一生短暂，但他的著作《基督教的复兴》却得到了永久的流传。他在这本书中提出的'肺循环'的宝贵观点，更是令后人受益匪浅。

"刚才我们讲过，维萨里在研究人体结构时发现了心脏的中隔上根本没有盖伦理论中必需的隔孔。可是，如果这些孔不存

刘成老师评注

塞尔维特是西班牙医生，文艺复兴时代的自然科学家，也是一位神学家。他曾在巴黎研究医学，并学习解剖学，是解剖学家维萨里的门生。后来，他秘密出版了《基督教的复兴》一书。在此书中，他用一元论的观点，阐述了有关肺循环的看法。他的这本书被天主教徒与基督教徒视为异端邪说，宗教裁判所对他进行缉捕并判处火刑。

在，那么血液是怎么从右心到达左心的呢？塞尔维特开始思考这一问题。在仔细研究了心脏的结构以及附属血管的分布后，他提出了一个大胆的说法——他认为心脏中的血液是由右心室经肺动脉分支血管，在肺内经过与它相连的肺静脉分支血管，流入左心房的。不仅如此，他还认为心脏左右之间存在着一些很巧妙的装置和极微细的肺动脉分支和肺静脉分支相连接，并预见到血液按心肺循环流动的生理意义。"

"塞尔维特的确非常厉害，他提出的肺循环理论基本是符合事实的。可惜限于当时条件，他并未能提出有系统的循环的概念，'循环'一词也未被使用。但是瑕不掩瑜，为了表示对他的纪念，现在我们经常把肺循环称为'塞尔维特循环'。"女医生冷不防插上一句。

"哦，这位爱总结的女士又发言了，虽然她的发言总是让人出其不意，但是实在不得不说，她每次的发言都很精彩。"没想到，严肃的哈维老师也有幽默的一面。

"哈维老师，您过奖了，我不过是死背书本，您才是真正的'总结高手'。从维萨里发现心脏中隔上没有隔孔，到塞尔维特提出'肺循环'理论，再到法布里修斯发现'静脉瓣膜'，您把这些前人的理论吸收、总结、捣碎、重组又突破，最终发现了人体的心血循环，这样的'杰作'才称得上是真正的精彩呢！"

"哦，既然你提到了法布里修斯，咱们接下来就赶紧讲讲他对静脉瓣膜的研究成果吧。他也同样是位伟大的生物学家，我还曾经在他门下学习过一段时间，他对我的生物学研究也产生了很大影响。

"在法布里修斯之前，就有很多解剖学家已经观察到了在人体的静脉瓣上有一种奇怪的膜状结构，但是却没有人对它进行仔细的研究分析。**直到法布里修斯发表了《论静脉中的瓣膜》，这才有了第一本描述瓣膜的结构、位置和整个静脉系统分布情况的书。**

刘成老师评注

法布里修斯虽然发现了静脉瓣膜，但由于他不能摆脱关于静脉和血液的陈旧观念，认为静脉是用来把富于营养但缺乏灵气的血液运出心脏，供身体各部使用的，于是他满足于瓣膜的功能只是防止心脏把过多的血液经过动脉送到身体肢端的看法，而没能发现静脉瓣膜的真正功能。由此可见，对于一个科学家来说，他的眼界宽度决定着他的研究深度。

　　"根据法布里修斯的观点，瓣膜的本质就是阻碍血流从心脏流向周边。在描述这些瓣膜的结构时，他用了一个形象的比喻，他说这些结构就好比水池上的水闸，它们的功能是为了规定血流分配到身体各部分的容量，由此保证每部分都能获得它们合适的营养物质。"

哈维之前的"心血理论"发展

维萨里写下《人体的结构》	→	维萨里在书中描述了心脏的不同瓣膜和心室之间的中隔，并注意到中隔上面分布的是小坑，而非气孔。
塞尔维特发现"肺循环"	→	塞尔维特认为，心脏中的血液是由右心室经肺动脉分支血管，在肺内经过与它相连的肺静脉分支血管，流入左心房的。
法布里修斯发现"静脉瓣膜"	→	法布里修斯对静脉瓣膜的结构、位置和整个静脉系统分布进行了详细描述，并且发现了静脉瓣膜具有阻碍血流流动的功能。

　　"这种说法听起来好像很有道理，可是法布里修斯是根据什么提出这种观点的呢？他有什么依据吗？"一位从来没发过言的年轻男孩突然发问，看他的模样好像还是个高中生。

　　"那是当然，法布里修斯可从来不是一个'理论派'，他经常在解剖课和公开演讲中演示静脉瓣膜的活动。法布里修斯的实验其实非常简单，我们甚至可以现场演示。有没有哪位同学愿意来充当志愿者？"哈维老师认真地看着台下，等待着有人回应。

　　"我来！我来！"张秋自告奋勇，还没等别人反应过来，她已走上讲台。

　　"不错，这位女同学非常勇敢。那咱们现在就开始吧。"哈维老师一边解说，一边操作起来。他先让张秋挽起衣袖，然后在她的胳膊上系了一条结扎带。

　　"以上就是实验的准备工作，接下来我们要做的就是认真观察这位女同学的静脉变化。"

大家按照哈维老师的话，认真观察张秋的静脉，发现被结扎带阻碍了血流的静脉上面凸起了一些小的结。观察完这一现象后，哈维老师又接着进行了下一步。他用手指推动血流，试着让它们通过这些结，很明显，血流的运动被静脉上的某些东西阻止了。

"这是怎么回事呢？"刚才那位高中生眨着好看的大眼睛，一脸困惑地问。

"是静脉瓣膜阻碍了血流。"女医生回答道。

"没错，当时法布里修斯正是通过这个实验发现了静脉瓣膜，并且证明了它的功能。首先他记录下了充血静脉上面小结的位置，然后又在尸体上解剖静脉，结果发现在静脉上的一些膜状结构与上面这些小结的位置是对应的，而这些瓣膜

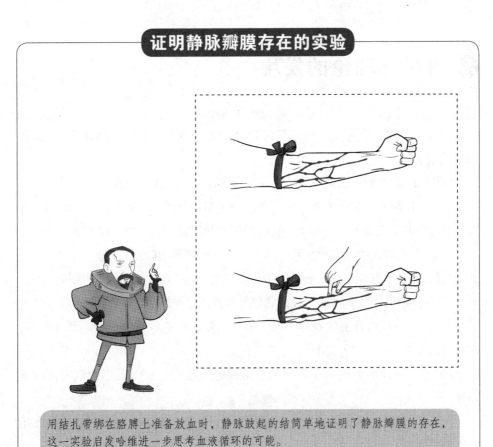

证明静脉瓣膜存在的实验

用结扎带绑在胳膊上准备放血时，静脉鼓起的结简单地证明了静脉瓣膜的存在，这一实验启发哈维进一步思考血液循环的可能。

存在的作用正是为了阻碍血流，这一点他也在刚才的实验中给予了证明。"

"法布里修斯对静脉瓣膜的描述的确是一次历史性的创举，据说他的实验给您关于'血循环'的研究带来了很大的启发。"发言的是张秋，此时她已经回到了自己的座位。

"是的，正是法布里修斯的这个实验让我发现了静脉瓣膜具有阻碍血流流动的功能，不仅如此，我还进一步意识到，它们的作用并不是阻止血流从心脏流向周边，而是规定了血流的方向是流向心脏。无疑，这一发现为后来血循环的证明提供了很大的帮助。"

血循环理论的发现

"下面，让我们赶紧把时钟调回到17世纪的英国，让我陪你们重温一次我的'心血'之路。

"亚里士多德曾说，'心脏是身体最重要的器官。'这句话我一直坚信，因此我也一直把心脏作为最主要的研究对象。通过学习维萨里、塞尔维特、法布里修斯等前辈们的研究成果，再加上我自己的实验和观察，我发现了以下事实。

"第一，心脏在收缩时会变硬，这一过程与前臂肌的收缩相似。

"第二，当心脏收缩时，心脏的颜色会变浅；当心脏扩张时，颜色则会加深。

"第三，心脏的收缩和心尖碰撞胸壁与动脉的扩张同步。

"第四，心耳和心室的收缩类似，但不同步，心室收缩之后，心耳才收缩，即它们的收缩与扩张交互进行。

"第五，同样的血液由于心耳的收缩而进入心室，再由心室的收缩而进入动脉。

"第六，血液一旦进入动脉，不管是大动脉还是肺动脉，由于动脉瓣的作用将不会再回流。

"通过以上六个事实我做出了一个大胆推测，即我坚信血液肯定不是单向流动的，因为如果没有回路，心脏输出的血液量每小时就会达到数百磅，这大大超过了身体的重量。所以说，血液必须有回路，而这个回路很可能就是静脉。

"沿着这个思路，我展开了推理和思考，并且在心中慢慢产生了血循环的观念。血液由于左心室的收缩而进入动脉，被送到身体的各个部分，就像右心室将血液送入肺部一样。很明显，你们能够看出，在这个血循环的假说里，塞尔维特的肺循环对我产生了很大影响。可惜的是，肺循环的观点在当时还没有得到普遍认同，大多数人仍旧抱着盖伦的观点不放，要让他们接受'血液是在身体内循环

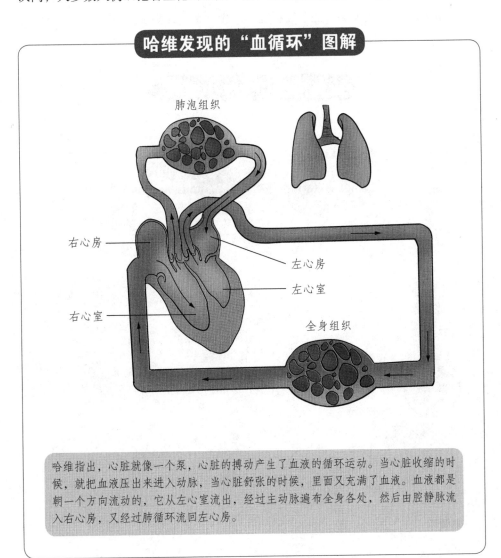

哈维发现的"血循环"图解

肺泡组织

右心房

左心房

左心室

右心室

全身组织

哈维指出，心脏就像一个泵，心脏的搏动产生了血液的循环运动。当心脏收缩的时候，就把血液压出来进入动脉，当心脏舒张的时候，里面又充满了血液。血液都是朝一个方向流动的，它从左心室流出，经过主动脉遍布全身各处，然后由腔静脉流入右心房，又经过肺循环流回左心房。

的'这一观点，并不是一件容易的事情。"

"尽管当时的大环境对您的研究非常不利，但是您并没有放弃自己的立场。您虽然没有立刻将您的新观点公之于众，但是私下里一直在为了证实这个观点的正确性默默地付出着巨大的努力。"女医生说。

"没错，为了证明血循环假说的正确性，我进行了一系列的实验和观察，最后终于在一条蛇的身上达成了我的实验目的。首先将蛇剖开，心脏和血管很清晰地暴露出来。然后用镊子夹住静脉，这时静脉和心脏之间就会马上空虚。心脏因没有血液供应而开始缩小，颜色变得苍白。接下来松开镊子，心脏又会马上恢复正常。

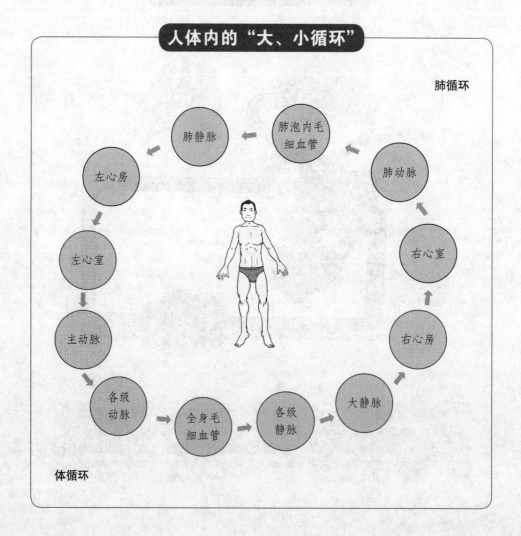

人体内的"大、小循环"

肺循环

肺静脉 ← 肺泡内毛细血管 ← 肺动脉

左心房

左心室 右心室

主动脉 右心房

各级动脉 → 全身毛细血管 → 各级静脉 → 大静脉

体循环

"观察过蛇的心脏与静脉后，我又在人的手臂上做了类似的实验，这个实验与我们上面提到过的法布里修斯老师研究静脉瓣膜时的实验基本相同。先绑住手臂上部，通过压迫静脉或压迫动脉来观察不同的效果。当压住静脉时，能够看到血液正向压迫的部位集结而胀起。用手指压迫肿胀的部位，我发现血液开始不断集结而并不是散去。

"很明显，通过以上这两个实验，我已经成功证实了自己的论断，即血液由于心室的活动而进入肺和动脉。动脉血进入肌肉组织，然后汇入静脉，流回心脏。而且人和动物的心血运行原理是相同的，心脏的主要功能是催动血液运动，而脉搏则正是这种运动的外在表现。

"研究进行到这里，局面已经十分明朗。心脏的真正功能、作用以及血液在身体里的运行方式已经得到验证，从前那些传统生理学上认为的动脉起自心脏，传输精灵或高级的生命活力，静脉源于肝脏，主要运输营养物质或低级的生命活力等旧的观点已经不攻自破，只是出于抱残守旧的思想限制，人们还是不愿意接受正确的新思想。"

"当然，这也只是其中一方面原因，血循环理论之所以未能被大众接受，另一方面还因为当时的科学发展有限，我的部分假说未能得到完全证实。后来意大利解剖学家**马尔比基**在用显微镜观察青蛙的内部器官的显微结构时发现了毛细血管，之后荷兰生物学家列文虎克又在显微镜下观察到动脉和静脉是连在一起的，这些充分证明了血循环理论的正确性。""所以说，真理永远是经得起时间检验的，而伟大的思想也总是超前于时代的。"女医生总结。

刘成老师评注

马尔比基，17世纪意大利解剖学家、医生。他在组织学、胚胎学、动物学、植物学等领域均有建树。对组织学与胚胎学的贡献尤为卓著，被认为是近代组织学的奠基人。

"哈哈……多谢这位女同学的总结。好了，课程上到这里，该圆满结束了。这真的是非常开心的一课，希望下次还有机会与你们交流生物学的研究心得。"

在客气地与众人挥手告别后，哈维老师迈着从容坚定的步伐走出了众人的视线。一节精彩的生物课就这样落下了帷幕，众人都有种意犹未尽的怅然之感。

哈维老师推荐的参考书

《**人体的构造**》 维萨里著。这本书是作者经过长期的人体解剖实践，积累起来的第一手资料的总汇，著作体系庞大，共分七册，是近代解剖学史上的开山之作。

《**论静脉中的瓣膜**》 法布里修斯著。这是一本仅有 24 页的小册子。在本书中，作者对静脉瓣膜的结构、位置和分布进行了完整的描述，在解剖学上有重要的意义。

《**心血运动论**》 威廉·哈维著。在这本书中，哈维摒弃了伟大前辈盖伦和维萨里的观点，第一次正式提出了著名的"血液循环理论"，它标志着解剖学从此进入了生理学的时代。

列文虎克老师主讲"显微镜下的世界"

在显微镜下，还藏着一个你所不知道的"微小新世界"。

安东尼·列文虎克（Antonie van Leeuwenhoek，1632—1723）

　　列文虎克出生于荷兰一个商人家庭，是显微镜学、微生物学的开拓者。列文虎克酷爱磨制玻璃制品，一生磨制了400多个透镜。他制作的放大透镜以及简单的显微镜形式很多，其中有一个简单的透镜，其放大率竟达270倍。当然，列文虎克不仅对磨制透镜感兴趣，他更喜欢通过显微镜来观察事物。他的观察对象种类相当丰富，不仅有动植物，甚至还包括牙垢、精液、唾液和火药。正是这种特殊的"癖好"成就了这位生物学家，他首次发现了微生物并最早记录了肌纤维和微血管中的血流，为微生物学的发展做出了巨大贡献。

俗话说"耳听为虚，眼见为实"，比起空中楼阁式的空想假说，人们往往更愿意相信自己亲眼所见的事物。所以，一位科学家要想让自己的理论站得住脚，与其反复地向世人"游说""推销"，倒不如多做一些实验研究，用事实说话，这样自己的观点反而更容易被人接受。

以上这论断是张秋在听了哈维老师的课程后得出的。

不久，张秋收到通知，说第四堂"神秘生物课"要在当晚开讲。

显微镜的发展历史

"大家好，我是荷兰人列文虎克。真没想到，今天竟然会以生物学家的身份被请到这里来给大家讲课，这让我自己都觉得不可思议，**事实上，我更习惯大家把我称为'沉湎于显微镜的疯子'。**"这位以精力充沛、好奇心强著称的列文虎克老师果然不同凡响，一开场就把大家逗得哄堂大笑，课堂上的氛围立刻活跃了起来。

"说实话，当我收到邀请，让我来这里给大家上一堂生物课的时候，我的第一反应真的是头脑一片空白。要给你们讲什么呢？对我有所了解的同学都应该知道，我是一个'实验派'，对理论知识并不太重视，那些古典自然哲学家们的著作我基本没阅读过，我一生的所有生物学研究成果基本都来源于我自己在显微镜下的观察研究，所以我觉得，讲课什么的根本没有必要，倒不如发给你们一台显微镜让你们自己去研究一个星期，效果更好。"说到这里，列文虎克老师真的从包里掏出了一台显微镜，

刘成老师评注

列文虎克是第一个用放大透镜看到细菌和原生动物的人。在300多年前，并没有人知道烟尘及指甲中藏着大量能引发疾病的病原微生物。在今天，"生水里有细菌，喝了肚子疼""不随地吐痰""饭前便后洗手"的卫生习惯，早已是众所周知的普通常识，而在过去，不用说一般人了，就连赫赫有名的英国皇家学会也对这些全然不知。

这一举动又惹得众人一阵大笑。

"难道咱们这节课真的要在显微镜下度过吗？我已经对着显微镜整整十天了，现在一看见这玩意儿头都发晕。"张秋的同学，第一次来听课的莉莉，幽默地道出自己的心声。

"哈哈……看来这位女同学和我一样是个'显微镜迷'，我要对你的刻苦精神给予表扬。还有你大可放心，刚才不过是开了个玩笑，咱们今天绝对上不实验课，我千里迢迢赶来总该表示一点儿诚意吧，我已经事先为你们备下了一份丰厚的'理论大餐'。"说完这段话后，列文虎克老师立刻把刚才的调侃神情换作一脸庄重严肃，然后正式开讲。

"中国有句古话，'工欲善其事，必先利其器'。如果把这句话应用到生物学的发展中就是，要发展一门学科，不但要钻研理论，敢于大胆提出科学构想，同时也要注重实验和实验工具的开发。比如，上节课你们听过的'血循环理论'，哈维老师虽然已经在理论上给予了完美的解释，可是由于当时的显微镜技术还不够发达，人们无法在实验中直接观察到血液的循环运动，所以这一理论便迟迟未能得到认可。

"通过哈维老师的例子，我想大家已经了解了显微镜的出现对于生物学发展的重要意义，所以接下来，就请大家随我一起了解一下显微镜的发展历史。

"对显微镜有基本了解的同学应该都知道，透镜是显微镜的重要组成部分，所以要追溯显微镜的历史，要先从透镜讲起。"

最近痴迷于显微镜研究的张秋举手说道："据说第一台显微镜是 16 世纪末一

透镜的历史

古希腊时期	人们知道可以利用透镜来聚光引火，不仅如此，他们还发现了透镜的放大性能。
罗马时期	人们知道可以利用透镜来矫正视力，不过这只是个别现象，并未引起足够重视。
16 世纪	人们开始大规模使用透镜来制造镜片。科学史上另外两大发明——望远镜和显微镜，也在这个时候应运而生。

位叫作詹森的荷兰人发明的。他用一根铜管把一块凸透镜和一块凹透镜组合在一起，制造出了第一台复式显微镜。"

"这位同学说得没错，最初的复式显微镜的确是我这位'同乡'发明的。第一台显微镜之所以会在荷兰诞生，是有历史原因的。因为当时荷兰殖民地众多，每年都有大量的宝石传入，所以当时的荷兰可谓西方磨制宝石以及玻璃制品的中心。而这一便利条件，也为我后来研究和制作显微镜提供了很大帮助。

"好了，言归正传，接着讲显微镜的故事。我的'同乡'詹森虽然首先发明了复式显微镜，但是他的这项发明好像完全是出于一时的好奇心，因为他并没有把它用作科学研究的工具。之后过了二十年左右，意大利科学家伽利略才首先利用显微镜观察了昆虫的运动器官和感觉器官，这才开创了用显微镜进行生物学研究的先河。"

"到了17世纪，显微镜的性能更加完善，用途也得到了极大的扩展。我个人出于对显微镜研究和观察的兴趣，对显微镜的发展也做出了微薄的贡献。"说到此处，列文虎克老师的脸上露出了腼腆的笑容。

"我在书上看到，您亲手制作了400多台放大率在50到200倍的显微镜，这是真的吗？"上节课的高中生今天又按时来上课了，他还是一如既往地喜欢提问。

刘成老师评注

詹森、伽利略等人使用的显微镜放大率还不到10倍，但它们已经为人们提供了一个全新的视野。那些用肉眼无法仔细观察的微小生物，在显微镜下显得既复杂又古怪。伽利略曾说，他的显微镜使得苍蝇看起来像羊羔一般大。可见，显微镜的出现给当时的人们带来的惊喜非同小可。

"啊，可能吧，我自己也没统计过具体的数目，不过在这里我倒是愿意给你介绍一下我的首个单筒显微镜的制作情况。我的首个单筒显微镜很小，是用一个玻璃球手工磨制而成的，架在两块凿孔的金属板中间，这个装置上面还附带着一个标本架。后来我又慢慢琢磨，发明了一些复式显微镜，不过它们并没有在当时被广泛使用。"

🌑 微小新世界的发现

"好了，关于显微镜的发展历史我就暂且为大家介绍到这里，我听说你们后世还发明了电子显微镜等分辨率更高的高科技产品，等有空的时候，还要劳烦你们给我讲解一下。"

"看得足够远，我们才能走得更远；看得足够精细，我们才能对事物的了解更加全面。显微镜技术的发展，带给人类的惊喜绝对不只是一点点，它让我们发现了一个全新的微观世界，让我们知道，原来在我们肉眼看不到的地方，还有那么多奥妙和精彩正等着我们去探索，去发现。"莉莉情不自禁地说。

"没错，显微镜带给人们的这个'微小新世界'真是太不可思议了，你们一定无法想象我第一次在显微镜下观察到血液循环时的激动心情。那天我在显微镜下观察蝌蚪的尾巴，结果竟然在不同的地方发现了五十多个血液循环。我不仅看到在许多地方血液通过极其微细的血管从尾巴中央传送到边缘，而且还看到每根血管都有弯曲的部分，也就是转向处，从而把血液带向尾巴中央，以便再传送到心脏。

"这个发现是十分重要的，因为它让我明白了，我现在在动物身上所看到的血管和成为动脉与静脉的血管事实上完全是一回事，也就是说，如果它们把血液送到血管的最远端，那就称为动脉，而当它们把血液送回心脏时，则称为静脉。"

"您发现的这一现象其实与哈维老师构想出的血循环理论不谋而合，也就是说您通过显微镜的观察，最终圆满完成了血循环理论的发现。"坐在角落的女医生突然发言。

"可以这么说，不过我能发现血液循环完全是误打误撞，这就相当于如今的人们买彩票中了头等大奖，没什么好炫耀的。不过不得不说，这次中彩票真是超值，不但有'奖金'，还附有'赠品'。我在观察毛细血管时，不但发现了血液循环，还发现了鱼、蛙、鸟，以及包括人类在内的哺乳动物和人的红细胞。尽管这不算一个全新发现，因为在我之前，生物学家马尔切罗·马尔比基已经发现了毛细血管和血管中的血细胞，可是当时他认为血细胞是一颗颗肥厚的小圆球，而我则通过观察发现，其实人的红细胞是呈圆盘状的，这一点你们现代人应该已经得

刘成老师评注

　　电子显微镜是利用电子与物质作用所产生的信号来观察微区域晶体结构、微细组织、化学成分、化学键结和电子分布情况的装置。常用的有透射电子显微镜和扫描电子显微镜。

到了证实。"

　　"没错，现在我们利用**电子显微镜**已经可以观察到，人体的红细胞直径大约为7至8.5微米，呈双凹圆盘状，中央较薄，边缘较厚，单个红细胞为黄绿色，大量红细胞聚在一起，才使得血液呈猩红色。"女医生以专业的口吻补充道。

　　"哦，看来你们后世的显微技术已经发展到了相当高的水平，找个时间我一定要好好研究研究。"列文虎克老师带着一脸羡慕地发出感慨，语气中大有"生不逢时"之情。

🔬 精子和微生物的显微观察

　　"列文虎克老师，我记得书上记载说，您是一位不受哲学体系限制，完全跟随自己的好奇心决定自己显微研究方向的生物学家。因此，您不仅用显微镜观察动物、植物、水晶、矿石，甚至还有牙齿上的碎屑、唾液、精液、火药等，这实在让人不可思议。"

　　"哈哈……没错，我的观察对象的确有点儿与众不同，不过这也刚好'歪打正着'啊，要不然我怎么能发现别人发现不了的事物呢？"

　　"是的，众所周知，您和您的学生哈姆是首次描述精子的人，您能不能为我们讲述一下当时的情景。"

　　"哦！当然可以。那大概是1677年，哈姆在观察一名淋病患者的精液时，第一次发现了一颗精子，他向我讲述了他的发现，并且提出他的看法，认为这些'微生物'产生于性病所导致的溃烂。他的这一发现引起了我的兴趣，因此我也开始着手对精液进行重点研究。结果我在健康人和狗、兔子、鸟类、两栖类动物及鱼类的精液中也发现了这些物体，所以我觉得哈姆的说法并不正确，这些'微生物'应该是精液的正常组成部分。我曾写信给当时的皇家学院，提出自己的这一观点，可惜当时'精子是反映疾病的征兆'这种说法在人们的脑海中根深蒂固，所以我的新观点并没能得到认可。"

"可事实证明，您的观点是完全正确的。我记得您不但发现了精子，还发现了精子的运动，而且您提出了精子的运动在本质上等同于生命，并且坚信精子的运动是新生命的起源，这在当时那个人们普遍认为精液中的水汽才是授精关键的时代，可是一个非常大胆的构想。"张秋敬佩地称赞道。

"是啊！所以世人说您是一位只注重实验而不注重理论的生物学家这种说法是不正确的，您提出的关于精子运动的构想已经证明了您在理论上也是非常有建树的。"莉莉也附和着。

"哈哈……这两位同学太可爱了，你们都把我夸得飘飘然了。不过恕我还不能停止'自我吹嘘'，因为我必须在这里把我最后一项重大发现与你们分享。"列文虎克老师故弄玄虚，沉默半天不肯发言。

"您的重大发现指的是微生物吧？"性急的高中生插嘴道。

"没错，1675年，我在盛放雨水的罐子里首次发现了一种单细胞的生物，它们非常微小，很难发现，因此我把它们称为'微生物'。1683年，我又在观察牙垢物的时候发现了更小的单细胞生物，我还发现，它们几乎都像小蛇一样用优美弯曲的姿势运动。当时我猜测，显微镜下这些微小的运动着的物体必定是生物体的一种，但是却未能进一步得到证实，后来只得搁浅。"言毕，列文虎克老师长叹一声，满怀遗憾。

"尽管您的发现在当时未能被证实，但是后世已经帮您弥补了这遗憾，二百多年后，人们证明了，当时您发现的微生物正是我们现代人所说的细菌。"女医生说道。

"是啊！人有时真的不得不向时代低头。"列文虎克老师再次意味深长地发出感慨。

马尔比基、施旺麦丹和格鲁的动植物研究

"17世纪到18世纪是显微技术飞速发展的时代，在此期间涌现出了许多优秀的生物学家，在他们共同的努力下，众多的生物结构及现象的奥妙都被揭示出来。下面，我将向大家简要介绍几位重要显微学家的研究成果，希望你们能从中了解到更多的显微学知识和研究方法。"

刘成老师评注

作为同样出色的显微学家，列文虎克从来不肯公开他的显微镜观察的"秘笈"。而马尔比基则不同，他总是把工作步骤、组织的制备方法、透镜的种类、使用照明的工具等尽可能准确地告诉读者，毫不吝啬。

"首先让我们一起来了解一下意大利生物学家马尔比基。这是一位对动植物特别关注的显微学家，对昆虫结构的研究是他一生最重要的成果之一。在研究昆虫结构时，马尔比基把蚕选作了重点研究对象，他利用娴熟的技术解剖了蚕，然后再把解剖体放在显微镜下观察。结果他发现，蚕虽然没有肺，却可以利用遍布全身的复杂的气管系统呼吸。这些气管排列在蚕身两侧，并有一些呼吸孔与外界相通。

"后来他在研究植物的时候，也发现了一些与蚕的微小气管十分相似的丝状体。虽然他错误地把这些丝状体理解成了植物的'呼吸工具'，不过这个'小误会'却激发起了他对植物的兴趣。之后他开始重点研究植物的显微结构，结果他发现了草本植物的茎与木本植物的茎之间的区别，双子叶植物的茎与单子叶植物的茎之间的区别，以及植物叶的气孔。虽然他还未能对这些发现给出正确的解释，但却已经在动植物学的研究上起到了先导作用。

"除了马尔比基外，另一位生物学家施旺麦丹也同样对昆虫的显微观察充满兴趣。他对蜜蜂、蜻蜓等昆虫进行了详尽解剖和精密分析，并对昆虫的发育、变态和分类等问题提出了自己独特的看法。例如，施旺麦丹认为昆虫变形的整个过程被精确地预先确定了，后期的模样是由前期已经存在的微小部分发展而来的。这一观点后来对胚胎学中的'预成论'产生了很大影响。"

"'预成论'是什么意思？列文虎克老师，您能不能给我们解释一下？"高中生怯怯地问道。

"'预成论'就是预先形成理论，它与'渐成论'相对。持'预成论'观点的人认为，微型的个体存在于卵或精液中，通过适当的刺激发育为成体。而'渐成论'者则认为，每个胚胎或有机体都是从一团没有分化的物质开始，通过一系列步骤和阶段不断长出新的部分而逐渐形成的。"还没等列文虎克老师开口，女医生已经抢先作答。

"这位同学回答得基本正确，不过关于'预成论'和'渐成论'的问题说来话长，咱们今天时间有限，就不在这里展开讨论了。"说着，列文虎克老师匆忙讲了下去。

"下面再为你们介绍最后一位显微学家——格鲁。格鲁出生在英国一个牧师家庭，是一位虔诚的教徒。但是比起对上帝的热爱，他对神秘的大自然显然更感

显微学发展概览

显微学家	显微学成果
詹森	用一根铜管把一块凸透镜和一块凹透镜组合在一起，制造出了第一台复式显微镜
马尔比基	动物和植物材料显微技术的创始人，最重要的研究包括：血液循环和毛细血管；肺和肾的细微结构；大脑皮层；植物微解剖学；无脊椎动物学以及蚕从卵到蛹演化过程中的结构和生活史
罗伯特·胡克	对显微镜的制作提出了很多改良意见，同时还记录了大量的显微镜观察结果，并且首先在显微镜下发现了细胞
列文虎克	扩大了显微学的观察范围，证实了毛细血管的存在，并且首次发现了微生物和精子
施旺麦丹	利用显微镜对蜜蜂、蜻蜓等昆虫进行了详尽解剖和精密分析，并对昆虫的发育、变态和分类等问题提出了自己独特的看法
格鲁	仔细观察并解剖过植物的根和茎，还在显微镜下发现了植物的各个部分之间有着明显差异

兴趣，尤其是对植物的解剖，是他最为热衷的工作。他曾详细观察和解剖过植物的根和茎，在显微镜下发现了植物的各个部分之间存在着明显差异。他还发现了植物叶的表面有微孔，提出叶是植物呼吸器官的正确观点。"

"此外，格鲁还有另外一个重要的贡献，就是他推测有花植物具有性行为，即花是植物的性器官。他将花蕊分为大蕊和小蕊，并且提出'大蕊是植物的雄体部分，小蕊是雌性部分，花粉是种子'的说法，这一推论是非常大胆而且有远见的。"

"好了，以上就是本堂课的全部内容，希望一位'实验派'生物学家的'理论课'不会让你们觉得太无聊。"说罢，列文虎克老师把一只手放在胸前，微微俯身向众人行了礼，便迈着大步匆匆离去了。

美好的一堂课又结束了，已经在显微学里沉迷了一周的张秋和莉莉在享用过这顿丰盛的"生物知识大餐"后对这门学科的兴趣更加浓厚了。她们已经果断决定，势必要将"显微镜实验计划"进行到底。

 列文虎克老师推荐的参考书

《自然的圣经》 施旺麦丹著。这是首部对昆虫显微解剖、变形和分类进行研究的著作，作品中还包括了对海洋无脊椎动物和两栖动物变形的研究。

《显微制图》 罗伯特·胡克著。这本书首次把显微镜下的微观世界呈现给大家，为实验科学提供了前所未有的既明晰又美丽的记录和说明，开创了科学界借用图画这种最有力的交流工具进行阐述和交流的先河。

冯·贝尔老师主讲"个体的发生发育"

生命在胚胎中发育，不同的器官组织分别由四个胚层发育而来。

冯·贝尔（Karl Ernst Von Baer，1792—1876）

冯·贝尔是德裔俄国生物学家、人类学家和地理学家，比较胚胎学的创始人。冯·贝尔出生于俄国一个贵族家庭，曾先后在几所大学学习医学。可是他对医学兴趣不大，后结识了对胚胎学兴趣浓厚的解剖学家潘德尔。在潘德尔的影响下，他决定放弃行医，专门从事解剖学、胚胎学、生理学和比较胚胎学的研究。冯·贝尔在胚胎学上的贡献是十分突出的，他最早发现了脊索，提出神经褶是中枢神经系统的原基，并阐明了胚膜（羊膜、绒毛膜、尿囊膜）的发育和功能。除此之外，他最大的贡献是研究了鸡的胚胎发育、胚层形成过程，以及脊椎动物器官发生的主要阶段，发现了脊椎动物的胚胎在早期极其相似。这些重要发现都为比较胚胎学的发展奠定了稳固的根基。

第五堂"神秘生物课"的课程主题，居然与张秋刚刚选定的全新研究对象完全吻合，真巧。

我们来自哪里？为什么后代与亲代相似而又不完全一样？在有性生殖中，两性对后代各有什么贡献？为什么在生物的早期发育阶段，有机体都很简单而又相似，而在以后的阶段则开始变得复杂起来并且最终成为不同的个体？为什么有些生物体失去身体的某一部分可以再生，而有些则不能？造成生物后代畸形现象或产生怪胎的原因是什么？

以上这些都是张秋最近正在思索和研究的课题，她没有直接接受已经研究好的结论，而是因循着古人的探索脚步，在努力一点一点解开这些难题。

🌑 预成论和渐成论

"各位同学晚上好，我是来自俄国的生物学家冯·贝尔，今天将在这里与大家共同探讨一些有关个体发生发育的问题。"冯·贝尔站在讲台上说着开场白。

"有的同学可能不太理解，什么叫作'个体发生发育问题'。如果你跑去问你的生物老师，他可能会给你一大串专业的解答，比如，他可能会说，'发生'一词是生物学的专用术语，历史悠久，指新的动植物的形成，并不涉及形成的方式。随着人们的不断发现探索，个体发生发育的研究领域也逐渐宽广，它涉及的范围包括现在的遗传学、胚胎学、细胞学等。不过，我觉得这样的回答太笼统又不好理解，所以如果你让我来解答，我会直接告诉你，咱们今天要探讨的，其实就是人、动物，乃至自然界的万物到底是怎样出生和发育的问题。

"关于个体的发生发育问题，其实与我们每个人都息息相关，就算诸位没学习过生物学，也应该都思考过这个问题。作为一个个体，我究竟从何而来？又是怎么会成为今天的我呢？我们也和小鸡一样，是从鸡蛋里孵化出来的吗？我们现在的模样是本来就被决定好的呢，还是受到后天的刺激形成的呢？以上这些问题，对于你们这些已经掌握了更多高科技、更多先进知识的后来人来说，可能稍显幼稚，可是退回到一切还处于懵懂状态的古罗马、古希腊时期，人们正是带着这些困惑开始一步步探索的。在座的各位一定都听说过亚里士多德，他可以算是研究个体发生发育问题领域的一个先驱。"

刘成老师评注

关于个体发生发育的研究历史很长，在没有形成发生发育的理论之前，人们就早已开始从事一些有关的试验活动了。例如，对植物进行异花授粉，使其结出更理想的果实；对动物进行阉割，使其性情温顺等。这些行为其实都是人们不自觉地对个体发生发育问题的探索。

"当然知道。亚里士多德老师之前给我们讲过课，他在课上为我们介绍过有关动物生殖的研究成果。他认为动物有有性生殖、无性生殖和自然发生三种生殖方式，并提出'胚胎不是一个在发育过程中不断扩大的完整实体，而是一种受到物质影响的潜能，这种潜能随着时间的流逝不断表达'的生物学观点。"说话的是张秋。

"这位女同学说得不错，亚里士多德曾在他的著作《论动物的生成》中对个体的发生发育有详细的论述。在这本书中，他提出了两种动物发育的模式，一种是预成论，认为在卵和精子阶段就已经存在了动物的微型个体，经过一定的刺激和营养供给，便生长成为个体；另一种是渐成论，认为有机体形成之初，存在的是尚未分化的物质，经过不同的发育阶段之后，才生长出新的部分。预成论和渐成论这两种发育观点对后世影响很大，后来生物界关于个体发生发育的问题，主要是围绕这两点展开的。"

"我记得亚里士多德老师好像是一位渐成论者，他认为在各种动物的发育中，普遍的特征要先于个别的特征出现，还曾提出在动物胚胎的发育中，上段比下段分化快的观点。"张秋这位"亚里士多德迷"忍不住插嘴道。

"没错，亚里士多德提出的这些观点都是非常有建设性的，他的许多理论，如渐成论的本质、精液的本质、胚胎营养等观点，都对后世胚胎学的发展产生了重要影响。不过尽管渐成论的观点有很多人认同，可是支持预成论的人数也是很多的。"

"我曾读过法布里修斯老师的《论胎儿的形态》和《论鸡卵和小鸡的形成》这两本书，我记得他就是一位预成论者。"这一次发言的是女医生，她今天面容憔悴，没有往日精神，看样子像是带病来坚持上课的。

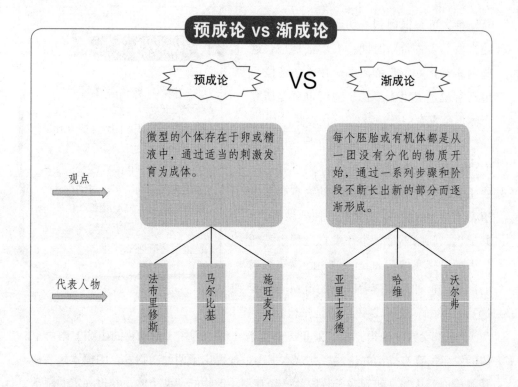

"没错，法布里修斯是一位不折不扣的预成论者，他在《论胎儿的形态》一书中对人体胚胎发育后几个阶段的情况进行了描述，他认为这时的胎儿与新生儿的形态已没有多大的差别。而在另一本《论鸡卵和小鸡的形成》一书中他提出，小鸡在胚胎发育的早期阶段已经预先形成，以后不过是已有形态的扩大与发展。这些显然都是预成论的观点。"

"那么除了法布里修斯之外，在当时还有哪些生物学家是预成论者呢？"莉莉突然发问。

冯·贝尔老师笑着说："或者你应该问，还有哪位生物学家不是预成论者？其实这也是生物学中一个很有意思的现象，按理说随着 17 世纪到 18 世纪显微技术的发展和一批优秀显微解剖学家的涌现，人们应该很容易在实验中观察到胚胎发育的真实情况，可是讽刺的是，在整个 17 世纪和 18 世纪上半叶，持渐成论观点的竟然只有哈维一人。"

"那么您的意思是说，像马尔比基、施旺麦丹这样伟大的显微学家也没能在显微镜下发现胚胎的发育过程？这确实有点儿让人费解。"莉莉一脸困惑地说。

"是啊！这件事确实有点儿反常，不过如果让我给你们细说一下前因后果，你们就不会感到奇怪了。**先说说意大利的显微学家马尔比基，他之所以会坚信预成论，是因为他在进行未孵化卵的观察时，挑选错了材料。**他虽然挑选的是没有孵化的鸡卵，但他实验的时候正值酷暑，这样的气候就会对鸡卵的变化产生很大的影响。他发现在鸡卵中已经出现了定形的异化物质，

刘成老师评注

对于一个科学家来说，一丁点小小的失误都是致命的。正所谓"差之毫厘，失之千里"，马尔比基的教训提醒我们，在做研究时，一定要认真严谨。

于是便觉得为预成论找到了坚实的证据，他万万没想到，其实自己是被不合适的实验材料欺骗了。

"而另一位荷兰显微学家施旺麦丹主要研究的是昆虫幼虫的发育。通过昆虫变态的研究，他认为在昆虫的整个生命周期中，成形的昆虫早就以某种形式存在了，具体地说，就是成形的昆虫在蛹的阶段就已存在。后来，他又对蝌蚪进行了研究，他认为蛙的成体早已存在于蝌蚪体中，至此他便彻底走入了预成论的误区。"

哈维和沃尔弗的渐成论观点

"听您这么说来，预成论的观点真的是风靡一时啊！那么在这样的学术风气下，还有人敢坚持渐成论吗？"张秋皱着眉头，一脸严肃地问道。

"当然，追求真理的道路虽然格外艰险，但是总有人坚持不懈。之前来给你们讲过血循环理论的哈维老师就是这样一位生物学家，他主张动物胚胎从不定形的物质逐渐地发育成为定形的异质物质，并且详细地解剖和观察了鸡的卵、母鸡的卵巢和输卵管，以及鸡卵在孵化期间的变化，试图以此作为渐成论的实验依据。虽然他的实验观察并未能带来突破性的成绩，但是他是生物学史上第一个试

图将胚胎发育划分阶段的人，他的划分范围不仅包括胚胎的发育过程，还包括了个体发生过程。而他的这种研究尝试给了后来的生物学家非常大的启发，可谓功不可没。

"哈维老师对渐成论的坚持让人十分佩服，可惜凭借他一人之力难以扭转当时的局面，预成论观点在整个17世纪和18世纪上半叶几乎一直占据着统治地位。直至18世纪后半叶，德国生物学家沃尔弗的研究让人们对胚胎学这一领域有了全新的认识。沃尔弗认为，应该重视纯属胚胎发育过程的观察、描述与分析。他虽然没有直接把自己的观点归为渐成论，但是他却用具体的事例说明了预成论的错误。

"沃尔弗利用鸡卵作为胚胎发育材料，研究了鸡的胚胎具体部位的详细发育过程，如盲肠的发育。在鸡的胚胎发育中，肠子是从一片简单的组织中逐渐形成的，先发育成一条沟，接着又卷成一根管状的结构，最后形成完整的肠子。之后，他在研究其他动物的胚胎发育中也同样发现，有的器官在胚胎发育的早期阶段根本看不见，而是后来才逐渐形成的，是由最初的简单组织逐渐分化为复杂的异质组织与结构，再发育成器官。

"沃尔弗不仅研究动物，还研究植物发育中的分化现象。他通过研究提出，在'内在的力'的推动下，植物从土壤中吸收水分，并将水分运送到各个生长点，以形成新的组织。植物和动物相似，其个体种子从均匀的未分化的物质，经过分化发育成幼小的植株。植物的叶子最初的构造非常简单，中央的叶脉和锯齿状的叶边是在之后才逐渐长出的，而最后长出的叶子则转变为花瓣。"

"很明显，以上您提到的沃尔弗关于动植物发育的观点中有不少错误的成分。"半天没说话的女医生突然插了一句话。

"是的，沃尔弗的观点里的确有很多时代的局限性，但是我们要看到，在研究胚胎学的途径和方法上，他的研究途径比同时代人要正确得多。他强调的是对胚胎发育本身的研究，即对胚胎发育过程中分化及组织器官的观察、描述和研究，这一点对胚胎学的进一步发展起到了至关重要的作用。"

精源论和卵源论

稍作休息后，冯·贝尔老师继续讲道："以上我们讲述的渐成论和预成论主要探讨的是胚胎的发育问题，多年来，众多科学家就此争论不休，可是却没有任何一派能够拿出有力的证据说服对方，因此这个问题一直悬而未解。此时一些爱动脑的同学可能会提出这样的疑问，我们为什么不先去研究胚胎的形成过程，然后再去研究它的发育过程呢？这的确是问题的关键所在，这么多年来人们之所以没法在胚胎学上有所突破，其最根本的原因就在于选择了错误的研究方向。"

"这是多么简单的问题，先研究胚胎的形成过程，再去研究它的发育过程，顺理成章。连我们都能想到，为什么那么多的科学家却想不到呢？"张秋不解地问。

"这正是预成论带来的最大危害，它让很多科学家认为胚胎是预先已经形成好的，因此混淆了他们的视线，让他们直接跳过了胚胎形成的重要步骤而进入了胚胎发育的研究阶段，从而导致胚胎学的研究走入误区。所以说，沃尔弗对预成论的批判是非常重要的，他及时纠正了当时人们的错误研究方法，让已经停滞多年的胚胎学研究又有了新的起色。"

"没错，在众多受到沃尔弗影响的生物家里中有一位最为出色，他将胚胎学的发展推向了另一个高峰，这个人不是别人，正是您——冯·贝尔老师。接下来就请您为我们讲讲您个人的研究成果吧。"莉莉的话语中难掩对冯·贝尔老师的钦佩之情。

"哈哈……多谢谬赞，那我也就不自谦了，因为关于胚胎学的研究，我的确有很多观点想要与大家分享。"谈到此处，贝尔老师挽起袖子，接着便慷慨激昂地讲了起来。

"沿着沃尔弗的思路，我的第一个研究重点就是，胚胎的来源。在此之前，学术界主要有两种争论，一种是精源论，另一种是卵源论。精源论的首倡者是荷兰显微解剖学家列文虎克。哦，我听说上节课他刚刚给你们讲过课，你们对他应该并不陌生。"

"是的，**列文虎克老师和他的学生哈姆首次描述精子**。他看到了两种不同类型的精子，并且认为它们分别代表'小男孩'和'小女孩'，而成形的幼体就是在精子内形成的。"张秋接话道。

刘成老师评注

一些显微镜学家们认为，精子与某些疾病有关，或者它们本身就是一种永久的寄生虫。可是，列文虎克却认为它们是雄性发育生长的正常部分。

"没错，这位同学所说的正是精源论的主要观点，他们认为生命起源于精子。很明显，他们的这种论调仍然没有摆脱预成论的影响，并且含有很浓厚的宗教色彩，并不科学。因此，为了反驳精源论的说法，又有一些科学家提出了卵源论，即认为卵子中已存在胚胎以后发育所需的一切基本物质。这一观点虽然并不正确，却标志着人们已经开始注意到卵（细胞）在生育过程中的重要性。比如之前我们提到的坚持渐成论的哈维，他就曾在他的《论动物

精源论和卵源论

精源论认为，生命起源于精子。人体内有两种不同类型的精子，它们分别代表"小男孩"和"小女孩"，成形的幼体就是在精子内形成的。

精源论

卵源论认为，无论是包括人在内的哺乳动物、爬行动物、鱼、鸟和昆虫，还是植物，一切生命都来自卵。

卵源论

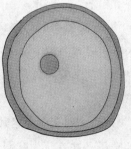

的生殖》一书中明确提出'一切动物都来自卵'的说法。"

"《论动物的生殖》这本书我曾读过，书的卷首插图就是一位罗马神话的主神正在打开一个卵，它像古罗马神话中的潘多拉盒子似的，从中跑出了各种动物——人、哺乳动物、爬行动物、鱼、鸟和昆虫，甚至植物。这幅图正是对哈维那句'一切动物都来自卵'的最好诠释。"虽然明知不该打断老师的讲话，但是刚好读过这本书的莉莉还是忍不住插了一句话。

"可惜他的这个结论只是逻辑上的推论，却未能说清卵是什么。而这也正是卵源论者面临的最大挑战，虽然他们一再强调卵是生命的起源，可事实上，他们从未亲眼看见过'卵'这种东西。"冯·贝尔老师用手抚了抚额头，叹息道。

"可是后来您在《论哺乳动物和人卵的起源》一书中首次阐述了哺乳动物的卵子，并且通过大量实验让人们了解了卵子，从此结束了人们长期以来对卵细胞认识混乱的局面。这一贡献之于胚胎学，乃至整个生物学的影响无疑都是巨大的，不知您可否为我们仔细讲述一下当时的情况？"张秋诚恳地发问。

"好的，接下来我将为大家讲述。"冯·贝尔老师笑着说。

🔅 哺乳动物的卵子和脊索的发现

"我记得那是1827年4月或5月的一天，有一个念头在我脑中盘旋，我觉得哺乳动物的卵子一定是从卵巢里产生出来的。为了证明这一猜想，我解剖了一条刚刚交配过的母狗，我发现其中有几个囊状卵泡已经破裂。接着我又开始观察卵巢，结果在卵巢里看到了一个小黄斑点。这是一个前所未有的发现，我预感到它就是我要寻找的东西。于是我剖开卵泡，小心翼翼地用小刀把小斑点放进装满水的玻璃器皿，然后又把玻璃器皿放在显微镜下进行观察。当我观察小斑点时，我惊奇万分，因为我清楚地看到了一个很小却已明显长成的卵黄球。"

"这个卵黄球到底是什么模样呢？"高中生一脸好奇地问道。

"这个卵黄球是一个有明显标记的、由一个坚固的薄膜包围着的、按一定规则运动的小球。它与鸟类的卵黄基本相似,唯一的不同之处仅仅在于它有一层坚固的可以把一些东西隔开的外膜。

"狗的卵子就是这样被发现的。后来我又相继在猪、羊、牛、兔,以及人的体内,发现了类似的卵子。经过认真的比对之后,我得出结论——卵子的构造是一致的。"

"卵子的发现让人们对胚胎的形成发育有了重新的思考和认识,关于这一点,我将在后面为大家重点讲解。在这里先让我来与大家分享我的另一个发现,它虽然没有卵子的发现那么震撼人心,但也可以说是意义重大。

"我在一次研究鸡的胚胎时,无意中发现了脊索。起初并没有十分留意,可是后来我又在其他的哺乳动物的胚胎中发现了同样的物质,这一现象引发了我的思考。接下来,我又做了一系列实验。我解剖了一些无脊椎动物,我发现,在它们的胚胎中根本看不到脊索。于是,根据这一现象,我提出了这样的推测——脊索存在于脊椎动物的胚胎中,随着发育,脊索逐渐被软骨和骨取代,最后成为脊柱。有无脊索正是区分脊椎动物和无脊椎动物的标志。"

"可是后来俄国动物学家科瓦列夫斯基在一些原始动物中也发现了脊索,所以冯·贝尔老师的这条区分脊椎动物与无脊椎动物的原则必须修改了。不过,不管怎样,冯·贝尔老师关于脊索的发现已经十分伟大了,我们没有理由求全责备。"半天没说话的女医生突然发言,依旧是她惯用的专业口吻。

"哦,没错,多谢你们的理解。对于真理的探索本就没有止境,所谓原则、规矩就是用来打破的,这一点我早已想得非常明白。好了,时间有限,咱们这堂课也上得够久了,接下来赶紧进行最后一个话题——关于个体发育过程的研究。"

胚层理论和生物发生律

"经过一系列的实验研究,我发现,在动物界个体发育过程中,存在一个普遍规律,总结为胚层理论。我认为,在动物胚胎的发育中,最初的重要发育阶段是四个组织层（后来被称作胚层）的出现，不同动物体内的相同器官是从相同的胚层发育而来的。最外层胚层发育成皮肤和中枢神经系统，第二层胚层发育成骨骼和肌肉，第三层胚层发育成血管，最内一层胚层发育成食道及附属系统。

"按照这一规律，我们就能够解释为什么不同的动物具有相同功能的结构了。比如昆虫的气管和哺乳动物的肺，它们的器官虽然不同，但是由于它们起源于相同的胚层，因此功能便是相同的。

"除了上述规律外，我还将胚胎的发育分成了三个主要时期。首先是原始的分化或四胚层的形成；其次是组织的分化或胚层内不同组织的形成；最后是形态上的分化或不同的组织构成器官或器官系统。

"以上就是我的胚层理论，其中有很多不成熟之处，不过经过后来生物学的完善和发展，还是为胚胎学的发展做出了一定贡献。

"在研究过动物胚胎的普遍发育后，接下来我又重点研究了高等动物的胚胎发育。我发现高等动物在发育的过程中所经历的发育阶段与低等动物基本相似。为了充分阐述我的观点，我在《论动物的进化史——观察与回想》中提出了生物发生律，其主要内容如下。

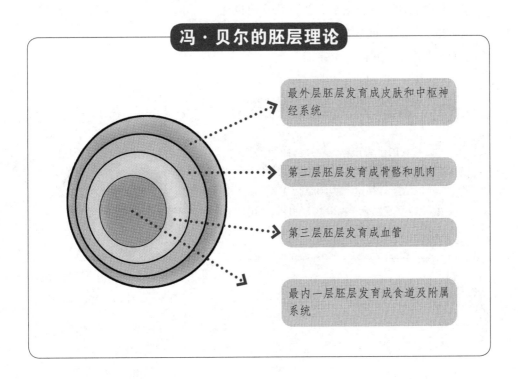

冯·贝尔的胚层理论

最外层胚层发育成皮肤和中枢神经系统

第二层胚层发育成骨骼和肌肉

第三层胚层发育成血管

最内一层胚层发育成食道及附属系统

"第一，在胚胎发育中，一般的性状先出现，特异的性状后出现。

"第二，从一般的性状中发育出不一般的性状，直到最后最特殊的性状才出现。

"第三，一种动物的胚胎在发育中逐渐显示出与其他动物胚胎的区别。

"第四，高等动物的胚胎发育经历了与低等动物胚胎发育阶段相类似的阶段，但与这些低等动物的成体并不相似。

"以上四点，就是生物发生律的主要内容。据说后人又在此基础上衍生出来不少理论和假说。这些我在这里就不多做介绍了，如果哪些同学有兴趣，可以在课下自行研究。"

"讲到这里，今天的课程就全部结束了。这堂课的内容可能有点儿杂乱，但'形散而神不散'，我们探讨的主题就是个体的发生和发育，只不过在这条探索之路上，人们显然走得有点儿坎坷。好了，虽然还有千言万语道不尽，不过不得不说再见了。这个夜晚能与你们在生物学的知识殿堂里一起度过，我非常愉快。希望日后还有机会重逢。"说罢，冯·贝尔老师恋恋不舍地离开了人群，独自走进了黑暗。

在与众人探讨一番之后，张秋和莉莉也起身离开。她们手牵着手迎着晨雾，穿过密林，一起奔向那栋独自伫立在黑暗中的实验大楼。在听过这节课过后，相信她们又会迎来忙碌的一个星期。

冯·贝尔老师推荐的参考书

《论动物的进化史——观察与回想》 冯·贝尔著。这本书系统地总结了有关脊椎动物胚胎发育的知识。作者通过精细的比较研究，提出了胚胎学上著名的"贝尔法则"，即所有脊椎动物的胚胎都有一定程度的相似，在分类上亲缘关系越近，胚胎的相似程度越大；在发育过程中，门的特征最先出现，纲、目、科、属、种的特征随后依次出现。

第六堂课

施旺与施莱登老师主讲"细胞学说"

一切生命都是由细胞构成的。

施旺/施莱登

泰奥多尔·施旺（Theodor Schwann, 1810—1882），德国生理学家，细胞学说的创立者之一。施旺出生于位于德国莱茵河畔的一个金匠家庭，16岁时进入耶稣教会学院学习宗教，在学习过程中因对人和自然界的奇特现象产生兴趣而改学医学，并获得医学博士学位。后来在柏林与植物学家施莱登相遇，在施莱登的启发下，他开始着手证明动物细胞中也同样有细胞核存在，从而把细胞学扩展到了动物界。

马蒂亚斯·雅各布·施莱登（Matthias Jakob Schleiden, 1804—1881），德国植物学家，也是细胞学说的创立者之一。施莱登出生于德国的一个医生家庭，中学毕业后进入海德堡大学学习法律，毕业后成为一名律师。后因职业不顺，改行学医，这才首次接触到生物学。从此他便致力于此，先后在柏林大学和耶拿大学学习医学和植物科学。1838年，还处于求学阶段的施莱登发表了《论植物发生》一文，首次明确提出细胞是生物学的基本单位。1938年，他与施旺相识，二人共同完成了将细胞学说从植物科学扩展到动物科学的历史性贡献。

近来连日暴雨，昼夜不停，因此原定于今晚的生物课程不得不临时改期，这让苦等了一周的张秋和莉莉大失所望。就在她们闷闷不乐的时候，她们接到了"神秘讲堂"主办方的通知，邀请她们明天下午三点准时到实验大楼第11层去听第六堂生物课。

第二天下午，她们早早来到指定教室，发现已来了不少同学。快到三点时，只听一声门响，接着一位表情严肃、目光犀利的高大男子走进教室。来者不是别人，正是今天的主讲老师——植物细胞学说的首创者施莱登先生。

细胞学说的起源

"诸位下午好，我是来自德国的植物学家施莱登。很高兴能在这个细雨绵绵的午后与你们一起感受生物学的乐趣。"施莱登老师礼貌友好地跟众人打了招呼。看他的模样，并不像传说中那样可怕。

"我知道我这个人在后世的名声不是很好，很多人说我脾气暴躁，固执己见，尤其是在学术研究上，我的理论与方法都与当时的主流方向格格不入，也因此引来了许多不满。不过没有办法，当时植物学界主要从事的标本的采集、分类、鉴定和命名等工作根本无法提起我的兴趣，因为我一直认为植物学是一门综合性的学科，所以我们应该用一切可能的手段研究生命有机体，研究植物的形态以及生长发育的规律。

"换句话说，就是我认为比起传统的植物分类学，研究植物的结构、功能、受精、发育和生活史等内容的植物生理学更有意义。于是我开始尝试着运用一些新颖的手法去研究植物。比如，利用显微镜去观察植物看不见的部分，从物理和化学的角度去理解植物的生理机制。"

"事实证明，您的这些大胆尝试成效不错，您不但发现了植物的细胞，还在此基础上建立了关于细胞的生命特征、细胞的生理过程，以及细胞的生理地位的细胞学说，这一理论对生物学的发展起到了重大作用。"第一个发言的是女医生。

"细胞学说的建立的确是我平生最大的收获，不过这个功劳绝不能归于我一人，因为在我之前，已经有好多前辈在细胞领域做了探索，而我是沿着他们的脚步才抵达了最后的巅峰。所以，为了让大家能够对细胞学说有更好的了解，我将从细胞学说的起源讲起，为你们一点一点揭开生物体的神秘面纱。"

说罢，施莱登老师整了整衣领，转身在黑板上写下了一个名字——**胡克**，然后又接着讲道："一提到胡克，你们的第一反应可能就是在物理学中学到的胡克定律。我们在这里当然不是要讨论弹力与弹簧长度的问题，我之所以提到他，是因为他是第一个将'细胞'一词赋予生物学含义的人。"

刘成老师评注

罗伯特·胡克是英国博物学家、发明家，兴趣爱好广泛，在多门学科上都有所建树。他在物理学研究方面，提出了描述材料弹性的基本定律——胡克定律，并提出了万有引力的平方反比关系。在机械制造方面，他设计制造了真空泵、显微镜和望远镜，并将自己用显微镜观察所得写成《显微术》一书，"细胞"一词即由他命名。

"胡克是一位显微学家。一次他在做显微实验时，在复式显微镜下观察到软木片的细微结构，即死细胞的细胞壁及其包围的空间，于是他第一次使用了'细胞'一词。继胡克之后，17世纪的其他显微学家开始注意观察和描述细胞的结构，不过还仅限于显微镜下的细胞外形，对于细胞的深层结构和生理学意义的了解还非常肤浅。换句话说就是，17世纪的生物学家们对细胞的研究工作还只停留在'细胞有什么'的问题上，而未进一步深入探讨'细胞是什么'的问题。"

"'细胞有什么'和'细胞是什么'这两个问题的确有本质上的不同，那么是什么让人们转变思路，开始思考细胞的深层意义呢？"坐在第一排的张秋举手发问。

"为细胞学说的建立奠定了坚实基础的，是由一位伟大的法国解剖学家比夏提出的'组织学说'。这个学说代表了一个充满野心的构想，是系统研究集体构造的一种尝试。比夏之所以会产生这个念头，是因为他觉得在那些表现出类似特性的器官身上应该存在某些共同的结构和功能组成，但是研究过后，他的这一假想失败了。但是他并没有就此放弃，而是决定深入到更深的结构中去寻找这种相似性。

"于是，他便开始尝试用器官来研究人体，并提出了'组织'这一概念，他认为一个已经分化的机体部分或器官是由几种不同的组织构成的，如神经组织、血管组织等。而由组织组成的器官又依次组成了更加复杂的实体，即器官系统，如呼吸系统和消化系统。"

讲到这里，施莱登老师发现有的同学看起来有些困惑，便说："听到这里，是否会有同学觉得，到现在我还没有讲任何与细胞研究有关的内容，就觉得我讲跑了题呢？请听我继续讲。虽然比夏的组织学说还只是停留在表层，并未触及更深入的细胞层面，但他却为我们提供了一个正确的分析思路和方法，正是沿着这条正确的路径，我们才由表及里，一步一步触及生命体的最深层。"

❀ 布朗的启发以及施莱登的"细胞学说"

稍作休息，施莱登老师继续开讲："我对英国植物学家罗伯特·布朗敬佩有加，并不是因为他提出了著名的'布朗运动'，而是因为他关于细胞核的研究给了我很大的启发。布朗曾用一台放大倍数约三百倍的显微镜观察植物，他注意到植物的细胞内部还有其他的结构。通过进一步的仔细观察，他发现了植物细胞的细胞核，并发现一个植物细胞内只有一个细胞核。无疑，布朗对于细胞核的发现是意义重大的，不过可惜，限于当时的科学条件，他并未对这一发现给予足够的重视和理解，因此，关于细胞核的结构和功能的探索工作，就留给了后人。"

"在细胞核的研究上，我的确花费了不少心力，可是准确客观地说，在我之前还有一位重要的生物学家也同样对细胞核的研究做出了不小的贡献。这位值得一提的人就是捷克的生物学家普金叶，他虽然没有对植物的细胞核进行更深入的研究，但是他却在母鸡卵中发现了胚核，这就证明动物细胞与植物细胞一样，也存在细胞核。这也间接说明，在生物体内，细胞核是普遍存在的。"

"您提到了普金叶，我记得他除了发现动物的细胞核之外，还发现了神经细胞的细胞核、树突、髓鞘等。他还是第一个使用'原生质'来指示细胞物质的

细胞学说的起源

胡克 ▶	第一个在显微镜下发现细胞，并第一次使用"细胞"一词
比夏 ▶	尝试用器官来研究人体，并提出了"组织学说"
布朗 ▶	注意到植物的细胞内部还有其他结构，发现了植物细胞的细胞核，并发现一个植物细胞内只有一个细胞核
普金叶 ▶	发现动物的细胞核以及神经细胞的细胞核、树突、髓鞘等。他还是第一个使用"原生质"来指示细胞物质的人
米尔贝尔 ▶	认为植物中所有部分都存在着细胞

人，他认为'原生质'是动植物单个细胞最早产生的物质，这些都为细胞学说的创立做出了很大贡献。"这一次发言的是莉莉。

"嗯，没错，普金叶的确是一位优秀的生物学家，但由于他的研究重点是动物细胞，所以对我的影响并不算太直接。要说到对我影响较直接的生物学家，除了布朗之外，另外一位就是法国植物学家米尔贝尔。米尔贝尔认为，植物中的所有部分都存在着细胞，这一观点给了我很大启发。至此，**一个念头开始在我的脑海里盘旋——或许人们发现的这个神秘的细胞，正是构成我们生物体的基本单位。**"

"为了论证这一观点，我首先从细胞核入手。我认为细胞核是植物中普遍存在的基本构造，在细胞形成过程中起到了至关重要的作用。任何植物，无论是高等的还是低等的，简单的还是复杂的，都是由

刘成老师评注

每一次伟大的发现都是从大胆的猜想开始的。当然，前人们的研究成果是坚实的基础，所以我们要一面学习，一面思考，一面冒险，这样才有可能获得成功。

细胞组成的。在植物体中，每个细胞一方面是独立的，自身发展；另一方面是附属的，作为植物的整体的一部分而活着。所以，从根本上说，植物的生命其实就是细胞生命活动的表现形式。"

"您的这个假说真的是非常大胆的，按您的说法，凡是我们肉眼所能看到的植物，比如一朵玫瑰花，或一棵大树，不论它们的外在形式有多么不同，其实它们的实质都是一样的，它们都是由无数个我们根本看不见的细胞构成的。"张秋认真地说。

"正是如此。因为我曾观察过大量的植物细胞，我发现它们几乎都具有相似的细胞核和细胞壁，所以这一发现更加让我坚定了之前的念头。就像你说的，玫瑰花和大树虽然看起来是两种完全不同的生命体，但其实它们在本质上是一样的，都是细胞生命活动，而我们看到的它们的不同，是细胞生命活动表现形式的不同所造成的。"

"按照您的说法，玫瑰花和大树都是由无数个我们肉眼看不见的细胞构成的，那么，这些作为生物体基本组成的细胞，又是从何而来呢？它们又是怎么'繁殖后代'的呢？"张秋又问。

"关于这个问题，我曾提出了一个'细胞游离形成'的假设。我认为细胞的生长和结晶过程相似，细胞核是通过微小颗粒堆积而成的，而这些微小颗粒来自富含糖和黏液的液体，即细胞形成质。当黏液微粒聚集到一起的时候，部分液体转变成相对不溶的物质，从而形成围绕细胞核的原生质。而当原生质的体积足够大时，新的细胞像一个逐渐膨大的精致透明的囊泡，开始发育，最后形成一个具有坚硬细胞壁的完整细胞。"

"以上就是我关于细胞形成的构想，相信你们从中可以看到许多前人研究的影响。除此之外，我也对细胞的生殖发育提出了一定的构想。我认为，当细胞核长到一定大小时，细胞核周围便会形成一个小泡，这个小泡在母细胞中逐渐长大，进而形成了子细胞。而当子细胞的体积超过母细胞的细胞核体积时，便从母细胞中分离出来，于是便形成了一个完整的新细胞。"施莱登老师解释道。

"您构想出的这一套细胞的形成发育理论很有意思，虽然其中有很多地方与现代科学研究成果不符，但是在当时应该是非常先进的思想了。"又是女医生言简意赅地做出了点评。

"哈哈……我就当作这是对我的赞美吧。好了，以上就是我今天要讲的全部

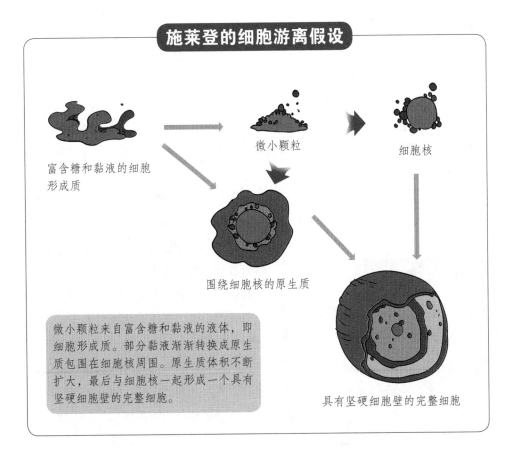

内容，接下来的时间，会有另一位老师来与你们共享。相信你们一定会和他相处得非常愉快，因为比起我这位粗暴的'异端分子'，他可要和蔼可亲得多。"言毕，施莱登老师匆匆离开了教室。

🌱 施旺与动物细胞研究

施莱登走后，另一位身材高大，与施莱登年龄相仿的外国男士从教室的另一扇门走进来。此人面带笑容，和颜悦色，与刚刚送走的施莱登老师刚好形成鲜明的性格对照。

"同学们，下午好，我是德国动物学家施旺，能够与众人相会，我感到万分荣幸。"说罢，施旺老师彬彬有礼地向众人行礼问候。这位世界著名的生物学家在诸位晚辈面前不但没有丝毫傲气，反而如此谦卑有礼，让人不由得心生佩服。

"我知道施莱登老师刚刚给你们介绍了细胞的起源以及他的植物细胞学说，所以，我也不再绕弯子，咱们就接着刚才的细胞话题，一起来了解一下动物细胞学说的建立过程。"

"众所周知，我的动物细胞学说是受到施莱登植物细胞学说的启发而建立的。**有一次，我和施莱登一起用餐，他无意间向我提到了细胞核在植物细胞中的重要作用。他的这句话勾起了我的记忆，我记得自己好像曾在脊索细胞中看到过同样的'器官'。就在这一刹那，我的灵感突然爆发，我意识到，如果我能成功地证明脊索细胞中的细胞核与植物细胞中的细胞核起着相同作用，我就能把施莱登建立的植物细胞学说沿用到动物界，这也就意味着，我们可以在整个生物界建立起一个统一的细胞理论，这一定会是生物学史上一件惊天动地的大事件。"**谈到此处，一贯内敛、沉稳的施旺老师显得格外激动。

刘成老师评注

灵感常常是需要别人指引才能"爆发"的，所以我们要学会与人分享，与人合作。一个人的知识、眼光是有限的，两个人或者更多人的参与，能碰撞出更多精彩"火花"。

"在有了这个伟大构想之后，我开始着手从动物细胞的发生角度论证施莱登的细胞学说和细胞发生理论。我最初选用和植物细胞壁具有相似结构的动物脊索细胞和软骨细胞作为研究材料，之后我又研究了许多其他种类的动物细胞，结果我发现，在众多的动物组织形态中，都能找到与植物细胞中相同的细胞核。"

"这是不是意味着，动物和植物一样，也是由细胞构成的？"莉莉问道。

"没错，经过大量的研究我发现，动物组织和植物组织一样，也是由细胞构成的，而且动物细胞和植物细胞的结构和生长发育过程几乎是一致的，它们都含有细胞核、细胞内含物和细胞膜。

"为了进一步证明这一发现，我参照施莱登对植物细胞的研究，定义了细胞生活的两个主要变型，即独立细胞和联合细胞。所谓独立细胞，是指那些细胞膜明显区别于其他周围结构的细胞，而联合细胞是指那些细胞膜部分或完全地和周围细胞或细胞间质混合在一起形成均一物质的细胞。接下来我又将细胞学说应用到组织学说中，将人体各部分组织都分解到细胞层面。比如，血液淋巴等组织是由独立的分离的细胞构成的，而肌肉、神经和毛细血管组织是由细胞膜和细胞腔相互融合的细胞构成的，等等。按照这种分析方法，我们就可以证明，无论是多么复杂的组织结构，追根溯源，它们都来源于细胞。"

"也就是说，现在您已经从实验和理论两个方面论证了细胞是生命的基本单位这一观点，那么，接下来您是不是也会沿着施莱登老师的思路，继续对细胞的发生过程进行探索呢？"一位男同学问道。

"没错，关于细胞的发生问题的确是我接下来研究的重点。之前施莱登老师应该给你们讲过了他的'细胞游离假设'，即细胞来源于无结构的液体或细胞形成质，其过程和结晶过程相似。对于这一观点，我的态度是有保留地赞同。因为我并不认为细胞的运动是完全盲目机械的，我觉得这些生命的基本组成体或许本身就是具有生命特性的。"

"您的意思是说，组成生命体的基本单位细胞，并不是像组成机械的基本零件一样是'死'的，它们本身也可以被看作一个小的'生命体'。这个想法可太

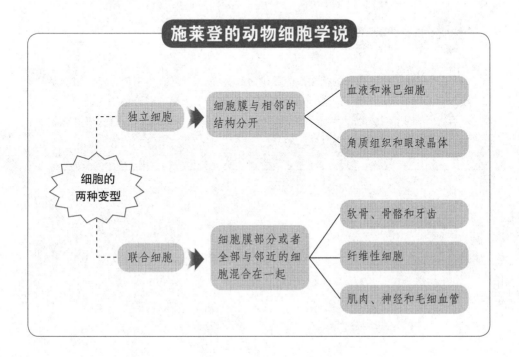

有意思了。"莉莉笑着说道。

"这的确是一个有点儿让人们难以接受的想法，尤其在我们那个时代，人们都从自然哲学的角度认为生命中起作用的是一种无形的'生命力'，因此要他们接受细胞学说并不容易。当我提出细胞也具有生命特性这一观点时，遭到了很多科学家的讽刺和挖苦，这些言论让我痛苦不堪。"说到此处，施旺老师用手掩住面容，仿佛不愿意面对那段痛苦的往事。

"事实已经证明，您和施莱登老师建立的细胞学说对整个生物界是一件伟大壮举，您的名字将与您的伟大科研成果流传千古而不朽，而那些抨击您的人，早已有如微尘被人忘在脑后。"女医生用坚定的语气给予了本堂课两位老师最深情的赞美，此时在座的其他人都纷纷起身，把最热烈的掌声献给眼前这位伟大的生物学先驱。

随着掌声散去，施旺老师离开教室，一堂难忘的课程就此结束。现在张秋满脑袋都是密密麻麻的细胞，它们好像一个个小精灵，在那里蹦来蹦去，张秋很想抓住其中的一个，好好看清它们的模样。我们偌大的一个生物体，竟然是由一个个肉眼看不到的小东西构成的，这不是太不可思议了吗？它们究竟是从何而来，怎么生长发育的？要想解开细胞的全部谜题，还有漫漫长路需要探索啊！

施旺与施莱登老师推荐的参考书

《动植物结构和生长的相似性的显微研究》 施旺著。在本书中，施旺对施莱登和自己观察到的有关动植物显微结构的资料进行了系统的理论概括，证明了动物组织同植物组织一样，包含细胞以及细胞膜、细胞质和细胞核，是代表"细胞学说"正式建立的标志性著作。

第七堂课

伯纳德老师主讲"生命活动的机理"

> 动物的生活需要两个环境，一个是细胞和组织生活的内环境，另一个是整个有机体生活的外环境。

克劳德·伯纳德（Claude Bernard，1813—1878）

伯纳德生于法国博若莱地区，从小在教区神父那里接受一些经典学科的训练。1834年进入巴黎医学院，一面学习，一面在生理学教授马让迪实验室做一些辅助性工作，毕业后顺利成为马让迪的正式助手。从此，伯纳德的才华开始展露，他在与马让迪长期合作中学会将活体解剖作为生理学研究的主要手段。他在实验技术的创造、科学事实的发现和新概念的建立等方面都超过了他的老师，成为现代生理学的奠基人之一。伯纳德一生为生物学做出了很多贡献，正式提出了生物"内环境"的重要概念，认为生物生存在它所习惯的外环境中，而生物体内的各种组织却生活于生物的"内环境"里。1865年，其著作《实验医学研究导论》出版，这本书被认为是生理学发展史上的一个里程碑。他逝世时，法国举行了国葬。

最近张秋的室友苏西迷上了哲学，经常神经兮兮地对镜自问："我是谁？我从何而来又将去往何处？这一秒钟的我与下一秒钟的我还是否相同？"苏西痴迷地自问自答，旁人只把她的话当作笑话听听，可是张秋认起真来，真的开始思考"自己到底是谁"这样的玄奥话题。不过，张秋的思维是"生物思维"，她的关注点在肉体而非灵魂，她真正想知道的是，作为一个独一无二的生命体，自己究竟是如何存在的。

"我是谁？"

"我叫张秋。性别女，身高一米六零，体重50公斤，五官端正，皮肤偏黑。"

"可是仅仅知道这些，我就知道我是谁了吗？这些不过是我的肉眼所能看见的，然而在那些肉眼看不见的地方正在发生着什么呢？"

沿着这个思路，问题越想越多，张秋感觉自己的脑袋已经快要被撑爆了。

就在张秋濒临崩溃的时候，莉莉及时赶来"搭救"。张秋向莉莉倾吐了自己的困惑，莉莉虽然没法帮她解答，不过她给张秋提出了一个很有帮助的建议，那就是最好先停止这些没有实际意义的胡思乱想，回归现实，跟自己去听下一堂生物课。今天的主讲老师是著名的生理学家伯纳德，说不定张秋能够在他的课程中得到某些意外的收获。

从"神学"到"科学"的生命探索

听从了莉莉的建议，张秋"暂停"思绪，随她一起来到教室。两人刚在座位坐定，一位西装革履的外国男士就迈着矫健的步伐走进教室。

"大家好，我是法国生理学家伯纳德，今天来到这里，我将与大家共同探讨一个十分重要且与我们自身密切相关的课题，那就是生命体如何存在的问题。"一听见伯纳德老师的这句开场白，困惑重重的张秋立刻睁大眼睛，竖起耳朵，把自己调整到最佳的听课状态。

"作为一个独立存在的生命个体，你有没有产生过这样的疑问：为什么我们要吃饭，要喝水，要睡觉，要排泄？为什么我们饿的时候肚子会咕咕叫，吃饱了会打嗝？为什么我们会说话，会走路，会思考？为什么我们会出汗，会流血？为什么我们会有疼痛感？这些问题看似稀松平常，其中蕴含的却是生命体运转的奥秘，要想解开这些谜团，其实并不容易。

"大家之前已经听过了亚里士多德老师和盖伦老师的课程，你们应该还记得，他们对于生命现象的一些解释，多半是从神学角度出发，其中有很浓厚的迷信色彩，并不科学。直到后来哈维第一次以实验的方法证明了血循环理论后，人们才逐渐摘下神学的'有色眼镜'，开始意识到利用科学研究生命体的重要性。

"第一位尝试借助科学的方法来探索生命奥秘的人叫桑克托留斯，这个名字你们可能并不熟悉，不过他的伟大发明你们一定不会陌生，那就是体温计。桑克托留斯是世界上第一个制造和使用体温计的人，虽然他制造的酒精体温计相比

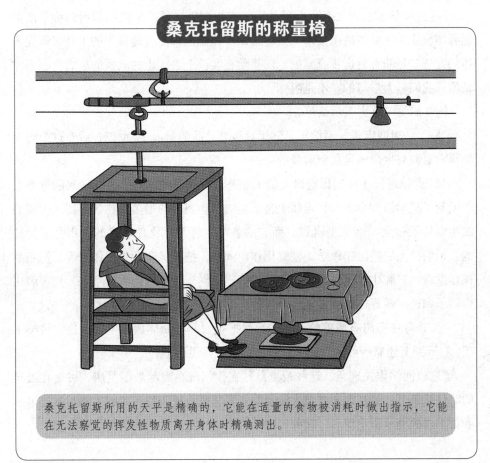

桑克托留斯的称量椅

桑克托留斯所用的天平是精确的，它能在适量的食物被消耗时做出指示，它能在无法察觉的挥发性物质离开身体时精确测出。

现代的水银体温计稍显粗糙，但他却利用它发现了人体健康时与患病时的体温变动。"

"说到桑克托留斯，我记得他还有一把著名的'称量椅'，据说他曾数十年如一日地坚持用这把'称量椅'对自身进行研究，并试图以此来解开人体代谢的奥秘。"坐在张秋旁边的文森今天第一个发言。

"哦，没错，这正是我要说的重点，桑克托留斯的神奇的称量椅。这把称量椅其实就是一把大型天平加一把椅子，桑克托留斯每天利用它来称量自身，定时记录饮食前后及睡眠、休息、活动和患病期间体重的变化，希望以此发现人体运转的奥秘。"

"人体的运转机制如此复杂，仅仅通过如此简单的称量肯定是行不通的，桑克托留斯太天真了。"文森不客气地评价道。

"这位同学虽然言之有理，可是语气未免太傲慢了。桑克托留斯的称量法虽然确实没能为生命体的探索带来太多帮助，但是他试图通过科学的工具来研究人体的方法却是非常有进步意义的，而且他在实验上表现出的顽强的毅力，也同样是值得我们后人学习的。不是吗？"

同学们纷纷点头表示认可。

"好了，时间宝贵，不能再扯远了，接着让我们进入17世纪，看看这个时期的科学家们对生命体是如何解释的。

"17世纪对科学家们影响最大的无疑是机械力学的建立，这一新兴的世界观影响到了科学的方方面面，当然也包括生物学。当时的很多生物学家都认为我们的生命体不过是一部大型机器，而它的各个器官是在物理规律的作用之下运转的。他们把人的嘴比作钳子，把胃比作曲颈瓶，把静脉和动脉比作水管，把心脏比作发条，把肺比作风箱，把肌肉和骨骼比作绳子和滑轮构成的系统，把肾脏比作筛子和过滤器等，提出了许多牵强附会的观点。"

"人是有血有肉有情感的动物，竟然把我们的生命体比作机器，这太可笑了吧？"听到上述那些可笑的比喻，张秋也忍不住说话了。

"这位同学你先别急，这些观点虽然在你们现在看起来很荒唐，可是在当时的时代背景下，却是为大多数人接受的。尤其是经过两位著名的生物学家笛卡尔和博雷利的继承和发扬后，这种'医学机械论'对后世产生了不小的影响。"

医学机械学派对人体的观点

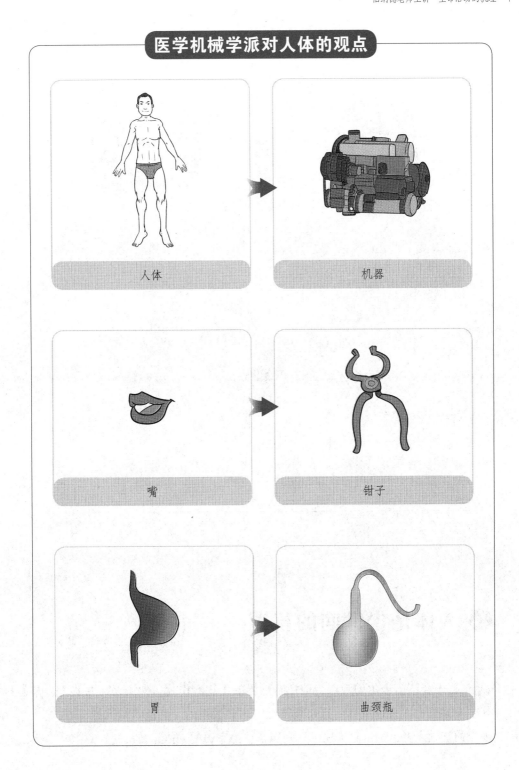

人体

机器

嘴

钳子

胃

曲颈瓶

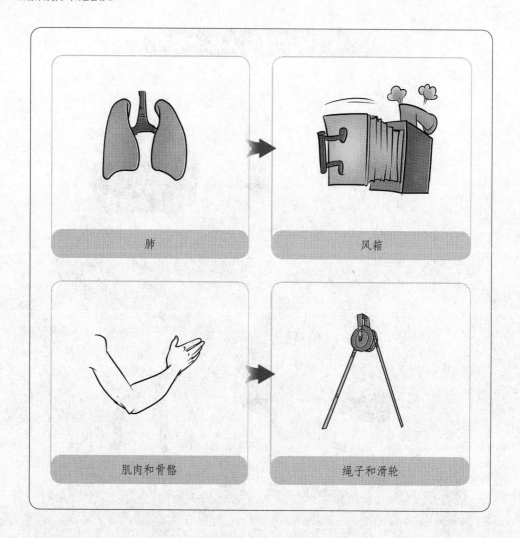

肺	风箱
肌肉和骨骼	绳子和滑轮

🌀 人体是尘世间的机器

"首先介绍笛卡尔的观点，他把自然界的生物看作是一架机器，并认为人是其中一架具有'理性灵魂'且遵循物理定律而活动的'尘世间的机器'。在这个观点的基础之上，笛卡尔构建了一套他自认为完美的人体运转机制。

"他认为食物的吸收和消化的工作原理就是简单的磨、研和筛滤，心脏是一部'热机'，里面住着一股'无光之火'，能够促使血液膨胀和加温，并将血液散布到肺部和全身。而肺组织则和心脏相反，热血在肺部与空气作用而冷却，然后一滴一滴地注入心脏的左室中。

"在解释人体的神经系统时，他的说法更有意思。他认为人体的神经、肌肉和肌腱的运动原理就和法国皇家花园内洞穴和喷泉中装置的引擎和发条一样，只要我们一触碰隐形的开关，人体的各个部分就像花园内那些机器一样活动起来。"

刘成老师评注

笛卡尔是一位唯理论者，他认为，第一个真实的存在就是作为思维实体——他自己的——存在。他思考着，怀疑着，把宇宙想象成一个巨大的机械系统。在这里，上帝是支配所有运动的"起因"，动物则被看成是具有各种生理功能的自动机器，而所有的生理功能又被理解为物质微粒的运动以及由心脏所产生的热运动。

"笛卡尔的想法太天真了，如果人体真的是一部尘世间的机器，可以按部就班地操作，那么又怎么会有这么多复杂的情绪波动呢？"文森禁不住反驳道。

"没错，如果按照笛卡尔的'机械论观点'去研究人体，他就没办法解释人的思想活动。所以，为了让这个问题得到圆满解决，笛卡尔便提出了'思想—身体'二元论的观点。他认为在人的身体内住着一个灵魂，它存在于松果腺里，负责控制人的思维、意志、记忆、想象，主宰人的喜怒哀乐。"

"他这完全又恢复到了'神学'的思路，毫无科学根据嘛。"文森摇着头说道。

"每个时代都有他的局限性，在当时的科技条件下，生物学家们还没有办法解释人体复杂的思维活动，就只能借助'神灵'帮忙了，这也是可以理解的。所以尽管笛卡尔的学说中存在着很多明显缺陷，但是他的'机械论'在当时是很受赞同的，并且影响了很多科学家。比如意大利的物理学家博雷利，他也提出了一套自己的'人体机械论'。

"博雷利把动物的各种活动分成内运动和外运动两种，内运动是指心脏的运动，而外运动则是指骨骼肌的运动。在研究心脏的运动时，他发现心脏内的温度与其他器官内的温度并没有明显差别，因此否定了笛卡尔提出的'心脏热机说'，并提出了自己的观点，认为心脏是一台肌肉泵或压榨机，通过收缩和膨胀来支配血液的运动。在研究肌肉运动的时候，博雷利思考了肌肉收缩的原因。他认为肌肉纤维是由菱形块串成的链，收缩是由于大量的楔形相互嵌插而引起肌肉膨胀的结果。"

"博雷利关于心脏和肌肉的观点很有进步意义，不过他对动物消化系统提出的解释，却让人啼笑皆非。这位热衷于实验的科学家曾做过一个有趣的实验，他把一个大玻璃球和铅块等东西放入在火鸡的胃里，结果第二天发现，这些东西都变成了粉末。根据这个实验现象他得出结论，认为动物的胃和牙齿的工作原理相同，都是通过压力发挥作用。"听到这里，同学们都忍不住哈哈大笑，不过伯纳德老师依旧表情严肃。

"同学们不要嘲笑博雷利，尽管他的某些观点在今天看来非常荒唐，但是他却是抱着一种非常严肃认真的态度进行科学探索。不过很明显，用物理学的方法去解释人体的运转是行不通的，无论是笛卡尔还是博雷利，他们的理论都是漏洞百出的。后世的科学家们逐渐意识到了'机械论'的弊端，因此另一批化学家们便开始尝试从化学的角度来探讨生命活动的机理。"

生命是一种化学现象

刘成老师评注

赫尔蒙特认为，生物体内各个器官中存在着一系列不同等级的"生基"，它们在各种酶的作用下，控制着生物体内的各种转化形式，包括消化、营养、运动和妊娠。

"把生命当作一种化学现象来研究的想法其实在很早以前就有了，比利时的化学家赫尔蒙特就是这一领域的先锋。赫尔蒙特把人体的消化解释为六个转化过程。第一步，消化发生在胃里，由脾脏释放出比普通的醋酸得多的酶，与食物混合后形成酸糜；第二步，酸糜通过幽门到达十二指肠，与胆汁中含有的另一种酶混合形成乳糜；第三步，消化在肝脏中进行，乳糜被肝

赫尔蒙特构想的"六步消化过程"

第一步

在胃里，由脾脏释放出比普通的醋酸得多的酶，与食物混合后形成酸糜。

第二步

酸糜通过幽门到达十二指肠，与胆汁中含有的另一种酶混合形成乳糜。

第三步

乳糜被肝脏释放出的酶转化为粗血后，剩下的残渣进入盲肠，由另一种酶转化为粪便。

第四步

腔静脉中稠厚暗红的血液与心脏释放出的酶混合后变成稀薄鲜红的血液。

第五步

鲜红的血液在动脉与特种酶混合，产生"生命的灵气"。

第六步

遍布全身各个器官的酶为了本器官的生存把营养物质转变成新生组织的成分。

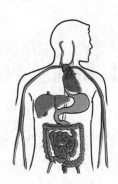

脏释放出的酶转化为粗血后，剩下的残渣进入盲肠，由另一种酶转化为粪便；消化的第四步发生在心脏，腔静脉中稠厚暗红的血液与这里释放出的酶混合后变成稀薄鲜红的血液；消化的第五步发生在动脉中，鲜红的动脉血在这里与特种酶混合，产生'生命的灵气'；最后一步消化发生在各个器官的'厨房'里，'遍布全身各个器官的酶为了本器官的生存而烹调它的食物'，把营养物质转变成新生组织的成分。"

"伯纳德老师，赫尔蒙特所说的'酶'是一种什么东西？"张秋发问道。

"这的确需要解释一下，因为赫尔蒙特的这套理论里包含了一些不科学的幻想成分。赫尔蒙特认为水和酶是物体的两个主要始基，酶是一种潜在的形成能力，它能够使水发展成物质和生命，比如土壤、石头、动物和植物。而在人体的胃、肝以及身体的其他各个部分都存在特殊的酶，它们能够引起消化和生理变化。"

"也就是说，酶是赫尔蒙特构想出来的一种物质，他认识到了在人体消化的过程中有某种物质起着很重要的作用，但他并不能具体说出这种物质是什么，它是怎样进行工作的，因此他便构想出'酶'这种东西，用来解释人体的消化过程，对吗？"张秋问。

"没错，正是这个意思。虽然赫尔蒙特关于酶与消化的理论还很粗糙，但是他却引领了一个非常正确的研究方向。我后来关于胰脏消化机能的研究，有很大一部分就是受到了他的启发。"

🔬 胰脏和肝脏的功能研究

"赫尔蒙特提出了酶这一概念，但他却没能利用科学的方法证明它的存在。不过沿着他的这个思路，我通过大量实验，终于从胰脏中分离出了三种酶。我发现，这三种酶分别可以促进三类有机物，即糖、蛋白质和脂肪的水解。经过酶的水解后，这三类物质能够更好地被肠壁吸收。这一发现的意义是很重大的，因为当时的人们普遍认为胃是最主要的消化器官，而关于胰脏中酶的发现则证明了，**其实胰脏才是人体最重要的消化腺。**

"研究了胰脏之后，我又开始着手研究肝脏。当时的人们都认为食肉类动物血液中的糖分直接来自所摄取的食物，自身是不能合成糖分的，可是我在研究肝脏的过程中却发现，其实动物的肝脏是具有合成糖分这一功能的。"

"那么您是怎么发现肝脏具有这一重要功能的呢？"张秋发问。

"这个发现要归功于我的一次实验。当时流行的理论是，动物所需的糖分从食物中吸收，通过肝、肺或其他组织分解。为了证实这一理论，我用狗做了实验。我连续几天用碳水化合物来喂狗，然后在食物消化期间将它们杀死。经过解剖后，我在这些狗的肝静脉中发现了大量的糖。为了使研究更加精确，我还做了另一组对照试验。连续用肉来喂狗，然后处死解剖，结果我没有在狗的肠道中发现糖，但又在肝静脉中发现了很多糖分。"

刘成老师评注

　　伯纳德发现，胃并不是消化的唯一器官，而十二指肠在消化过程中起着更为重要的作用。由胰腺分泌出来的液体，在十二指肠里帮助消化许多胃不太能分解掉的食物，特别是肉食。

肝脏的作用

肝脏

当血液中的血糖含量增高时，肝脏可以把血糖转化成一种类似淀粉的多糖，即糖原，贮存起来。

当血液中的血糖含量降低时，肝脏可以将别的物质合成糖原并将糖原分解成血糖释入血液，以此达到调节血糖平衡的目的。

"很明显，您的这两个实验打破了当时的错误观念，即食肉的动物是可以利用自身合成糖分的。"

"没错，动物不但可以自行合成糖分，还可以自主调节血液中的糖分浓度，而这一系列过程都是在肝脏中进行的。"

"也就是说，肝脏有点儿像一个'贮存箱'，而糖原呢，则是动物冬眠之前的'储备物'。"

"这个比喻有点儿意思，你也可以把肝脏的工作原理比作我们修建的水库，当雨水多的时候把水囤积起来，当干旱的时候再把水放出去。其实就是这个道理。"

🐾 内环境和内稳态理论

"好了，剩下的时间也不多了，接下来就让我们进入本堂课最后一个话题——内环境和内稳态理论。"伯纳德老师接着讲了起来。

"在对生命机体进行了全方位的研究过后，我认为，动物的生活需要两个环境，一个是细胞和组织生活的内环境，一个是整个有机体生活的外环境。细胞和组织不能像有机体一样直接与外界环境接触，它们只能生活在血液或淋巴构成的液体环境中。"

"您的意思是说，除了我们肉眼能看到的眼耳口鼻、脑袋、四肢外，在我们看不见的身体内部还存在着另一个世界，而我们的组织和细胞就存活在这个内环境里。那么，这个内环境里的组织和细胞是完全隔离的吗？还是存在某些孔道可以让它们保持联系？"张秋发问。

"刚才我说过，内环境里的组织和细胞存在于一个液体环境中，而这里面的液体，即组织液，它不但负责给细胞和组织提供营养，还有另一个任务就是负责保持它们之间的相互联系。"

"好吧，这样听起来，您把人体里面的这个小世界安排得合情合理，不过我还是不太明白，您把人体分为内、外两部分的意义何在？"

"这个意义是十分重大的，因为人体内的细胞和组织是非常脆弱的，外界的一点儿风吹草动都会对它们造成损害，所以，它们必须有一个非常稳定安全的环境作为依托，才能够存活。这就像婴儿出生前必须在母体的子宫中孕育一样，脆弱的生命需要保护。"

"这样听来，我大概明白了内环境的重要性。不过我还有个疑问，在您所说的这个内环境里面到底在发生着什么？它是一直处于一个恒定不变的状态吗？它又是如何保持稳定的呢？"张秋接二连三地发问。

"哦，这是个不错的问题，可惜在我那个时代未能解答。不过据说后世一位叫作坎农的生物学家对这个问题给出了非常正确的解答。坎农认为，内环境的稳定不是靠使生物与环境隔开，而是靠不断地调节体内的各种生理过程。他提出'内稳态'这一术语来描述维持内环境稳定的自我调节过程。他认为稳态是一种动态的平衡，不是恒定不变的，而是通过各个组成部分不断地改变而使得整个系统保持稳定。"

"我不懂，为什么各个部分都在不断地变化，可是整体反而能够保持稳定呢？"

"这就像一场交响乐，并不是要全部使用相同的乐器，保持在相同的声调才能演奏和谐，相反，必须要采用不同的乐器分别演奏不同的声调，这样才能达到整体的和谐效果。"伯纳德老师用一个形象的比喻作答。

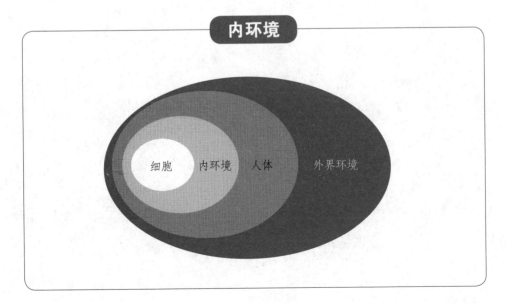

"您的这个比喻让我想起了亚里士多德老师那个古老又时髦的哲学话题——整体大于部分的总和。是这个意思吗？"张秋问道。

"哦，大概是这个意思。这位同学真的非常善于思考。不过时间有限，今天的讨论只能到此结束了，如果下次再有机会，我们倒是可以顺便探讨一些哲学课题。"伯纳德老师和张秋开了个善意的小玩笑，便匆匆离开了。不久，众人也渐渐散去，唯有张秋一个人还傻愣愣地站在原地，思考着"生命体"这个奇妙的课题。

人类的生命运转体系是如此的精密复杂，而人类的智慧又是如此的伟大，用自己的智慧去研究自己的机体，这好像有种"以彼之矛攻彼之盾"的感觉。究竟结果如何？这恐怕是一个永远无解的问题。

 伯纳德老师推荐的参考书

《实验医学研究导论》 伯纳德著。在本书中，伯纳德总结了实验生理学的研究成果，明确地指出，所有的生命现象均有其物理和化学的基础，神秘的活力是不存在的。这本书被一致认为是生理学发展史上的一座里程碑。

巴斯德老师主讲 "发酵与灭菌"

生命就是一个微生物，而微生物也就是生命。

路易斯·巴斯德（Louis Pasteur, 1822—1895）

巴斯德，法国微生物学家、化学家。他研究了微生物的类型、习性、营养、繁殖、作用等，奠定了工业微生物学和医学微生物学的基础，并开创了微生物生理学。巴斯德出生在法国东部的多尔镇。他在巴黎读大学，主修自然科学。在 26 岁时，因对酒石酸的镜像同分异构体的研究而一跃跨入著名化学家的行列。不仅在化学领域，巴斯德在生物学领域同样是成果丰硕。他在发酵、细菌培养和狂犬病疫苗等研究中取得了重大成就，被后人誉为"微生物学之父"。

寒假到了，寝室里的人都走光了，只剩下张秋一人。南方的冬天没有供暖，再加上气候潮湿，连被窝里都是阴冷的。尽管条件如此艰苦，张秋还是坚持留了下来。因为她和莉莉共同研究的微生物实验正进行到关键步骤，而莉莉因家中有事已经先行离开，所以她必须负责到底，否则她们这近一个月的辛苦就要功亏一篑了。

天气越来越冷了，温度已降到零摄氏度以下，整个学校空荡荡的，除了张秋和她的那群"微生物"小伙伴，几乎再找不到一件"活物"。日子真是越来越难熬了，不过为了完成实验，她必须咬紧牙关撑下去。

生活上的艰苦再怎样难熬都能克服，可是实验中的难题却着实让人头疼。辛苦培养了一个星期的细菌竟然在一夜之间全死了，这让张秋沮丧不已。

就在张秋的情绪低落到极点的时候，她的手机突然响了，原来是"神秘生物讲堂"又开课了，时间就安排在今天下午，而且最关键的是，这次课程的主讲老师是微生物学的"鼻祖"巴斯德。看来，这下张秋遇到的问题可以迎刃而解了。

🔵 酒为什么会变酸

"天真冷啊！这种天气应该窝在家里，靠着壁炉才对啊！"一位裹着厚厚棉衣的老师走上讲台，一边搓着手，一边笑呵呵地跟大家开着玩笑。

"大家好，我是路易斯·巴斯德，很高兴能与你们相聚于此。真没想到，这么冷的天还有这么多人赶来听课，你们的热情比家里的火炉还温暖。"说着，巴斯德老师以热情饱满的声调开始了今天的课程。

"1856年的一天，里尔的一家工厂主跑来向我求救。这家工厂主营的业务是用甜菜生产酒精，可是不知出于何种原因，他们生产的酒精全都变酸了，这让工厂遭受了巨大损失。酒会变酸，这本来是生活中常见的现象，但却从来没引起过我的注意。这一次工厂主把这个难题搬到了我面前，我才开始认真思考这一问题。

"不过，在研究酒精变酸的问题之前，我们首先要考虑另一个问题，就是酒精发酵的问题。利用粮食发酵来酿酒的方法人们很早就已经掌握了，可是关于酒精发酵的原理，却一直没有一个定论。当时著名的化学家**李比希**认为，酒精变酸是由于酒精中含有的不稳定化合物发生了化学反应。这个说法好像很合情理，可是事实真的是这样吗？"

刘成老师评注

　　李比希是19世纪德国著名的化学家。他从小爱好化学实验，早年留学法国，在盖－吕萨的实验室里工作。回到德国后，从事有机化学研究，被后世誉为"有机化学之父"。

"虽然我主攻化学，但我也曾阅读过一些生物学家的著作。早在二十年前，法国生物学家卡尼亚尔·德·拉图尔和德国动物学家施旺在研究细胞的时候，都发现了在分裂而繁殖的细胞里有一种能使酒精发酵的酵母。于是我便思考，酒精发酵，是不是这种酵母在起作用呢？如果真的存在这种酵母，它又与酒精的变酸有什么关系呢？如果酒精变酸是由这种酵母引起的，那么为什么有的酒精酸了，有的没酸呢？一连串的问题开始不停地向我的脑袋发起轰炸，根本停不下来。没办法，我只有继续研究下去。"巴斯德老师最后的一句话好像引起了张秋的共鸣，因为她每次投入实验时也是这个状态，所以她拼命地点头，表示赞同。

"我亲自去了工厂，并从变酸的酒精里面取回了一些样品。回来后，我把这些样品放在显微镜下观察，结果我在变酸的酒精样品中发现了两种不同的微生物。一种呈圆球状，另一种呈杆状。这个观察结果很有意思，这让我产生了一个大胆的设想。"

"您怀疑酒精的发酵和变酸与这两种微生物有关？"张秋皱着眉头，一脸认真地问道。

"没错，在变酸的酒精中发现的这两种微生物让我坚定了最初的假设，酒精发酵和变酸的原因绝不仅仅是发生了化学反应那么简单，说不定让酒精发酵和变酸的'罪魁祸首'正是我在显微镜下发现的这两种微生物。"巴斯德老师语气热烈，眼中闪烁着兴奋的光芒。

"为了证实我的推论，我又取来了发酵正常的、未变酸的酒精来观察，结果在未变酸的酒精里，我只发现了一种球状的微生物。接着，我又让发酵时间延长，结果发现，球状微生物不断减少，杆状微生物在增加，而酒精也变酸了。"

酒精发酵、变酸以及灭菌的实验

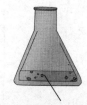

酵母菌帮助酒精发酵

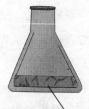

乳酸杆菌导致酒精变酸

当酒精加热到55℃时，瓶中的乳酸杆菌可以被杀死。

温度：55℃

"这就说明您之前的推论是正确的。在酒精里存在着圆球状和杆状两种不同的微生物，它们一个起着让酒精发酵的作用，另一个则是导致酒精变酸的'凶手'。其中圆球状的微生物就是我们今天所说的酵母菌，而另一种杆状的微生物则是乳酸杆菌，正是它产生的乳酸使酒精变酸了。"张秋帮巴斯德老师做了总结。

"这位同学总结得很到位，看来她已经完全听懂了酒精发酵和变酸这一问题。不过，找出问题的原因还远远不够，最重要的是如何解决问题。那么怎么才能防止工厂生产的酒精变酸呢？这又是另一个难题。"

"既然已经知道了导致酒精变酸的原因是乳酸杆菌，那么只要把它杀死不就行了吗？"女医生突然发言，原来她也不畏严寒赶过来了。

"当然，这是最正常的思路。我们想要通过杀死乳酸杆菌来防止酒精变酸，但是如何才能杀死它呢？这是一个需要反复研究的课题。起初我设想了很多复杂的方案来对付乳酸杆菌，不过都未能奏效。后来又经过许多次的实验，我发现，只需把酒精加热到55℃，酒精中的乳酸杆菌就可以被杀死。这实在是太不可思议了，原来防止酒精变酸的方法竟然这么简单，而这个问题竟然难倒了那么多人，连我自己都觉得有点儿讽刺。"巴斯德老师摊开两手，显得很无奈。

"我猜当您把灭菌的方法告诉工厂主时，他也一定难以相信。"文森插嘴道。

"可不是嘛，工厂主当时的表情真是哭笑不得啊！他做梦也想不到，让他吃不好、睡不着，差点儿破产的'坏家伙'竟然这么容易就被解决了。"巴斯德老师一边说着一边做着夸张的表情，逗得众人哄堂大笑。

🌑 攻破自然发生学说

"小小的乳酸杆菌竟然可以导致一间酒厂倒闭，微生物的强大力量勾起了人们强烈的好奇心。它们究竟从何而来？越来越多的人开始思考这一问题。

"关于生物的来源问题，自古以来就是一个充满争议的话题。在当时的学术界，主要存在两种不同的看法。一种看法认为生物是从无生命的物质自然发生的，而另一种看法是生物来自生物的种子或胚。前一种说法被人们称为'无生源说'，后一种被称为'生源说'。人们为这两种说法一直争论不休，可是哪一方都没有足够的证据证明自己的正确性。"

"我记得曾在古书上看到过'腐草为萤''腐肉生蛆'这样的记载，这是不是可以算作'无生源说'的一种？"张秋问道。

"古代的人们对生物的来源感到困惑，它们看到萤火虫从腐草里飞出来，就以为是腐草变成了萤；他们看到蛆在腐肉上爬，就以为是腐肉生出了蛆。不仅你们中国人这样认为，古希腊的亚里士多德也认为动物可以来源于动物、植物或非生物，他可以说是**自然发生学说**的鼻祖。

"尽管自然发生学说的观念已经在人们脑中根深蒂固，但是随着人们对生物学知识的逐渐积累，有不少人对这种观点产生了质疑。比如，意大利的自然科学家雷迪，他就曾用实验证明了'腐肉生蛆'的说法其实是不正确的。

"雷迪先用羊皮纸将苍蝇和肉隔开，然后观察变化。他发现在这种情况下肉是不会生蛆的。接着，他又把羊皮纸换成纱布，发现纱布上有少量卵。最后，他又做了一组对照试验，把纱布拿掉，让苍蝇可以和肉接触，结果发现，此时肉生了蛆。再继续观察，他发现原来蛆可以变成苍蝇。"

刘成老师评注

自然发生学说主张，许多小生命在自然环境中是自然发生的。人们常说，"大地为万物之母"，许多民族都把整个自然界看成是一个生命有机体，因此信奉"生物是从无生命的基质产生出来的"说法。

"被隔离起来的肉不能生蛆，而接触了苍蝇的肉可以生蛆，这就说明，蛆其实不是腐肉生出来的，而是苍蝇生出来的。"张秋兴奋地说。

"没错。雷迪的实验对'自然发生学说'提出了强有力的质疑，但是限于当时的技术条件，人们还没法完全解决这一难题。后来有一大批科学家希望通过实验来推翻'自然发生学说'，虽然未能完全成功，但却动摇了它们的根基。可是就当胜利在望之时，与我生于同时代的鲁昂自然历史博物馆馆长普谢出版了《异源发生论》一书，他在这本书中再次提出了'生物是自然发生'的观点，并且还用一套独有的逻辑给予了证明。

"普谢认为，把自然发生作为生物繁殖的一种方法是不言自明的，因此他设计的实验不是用于确定是否存在自然发生学说，而是去探索其发生的条件。正是陷入了这种思维误区，所以尽管他做了大量的实验研究，但只能在自然发生学说的'怪圈'里循环，丝毫没有突破。

"很显然，普谢的观点是非科学的，漏洞百出，所以我没办法给予赞同。但是如何才能攻破自然学说的谣言呢？为此我绞尽脑汁，开始了探索。我意识到，要想反驳自然发生学说，最关键的一点是要证明空气中携带着微生物。为了实现这一目标，我设计了这样一个实验。

"先把过滤器放在酒精和乙醚的混合液中漂洗，然后把漂洗下的尘粒收集起来，再放在显微镜下观察。结果显示，观察到的微生物数量会随环境因素的不同而发生变化。比如，医院的空气中，细菌含量很高，而高山的空气中，细菌含量就很低。

"在确定了空气中含有微生物后，为了进一步证明'生源说'，我又精心设计

雷迪的腐肉生蛆实验

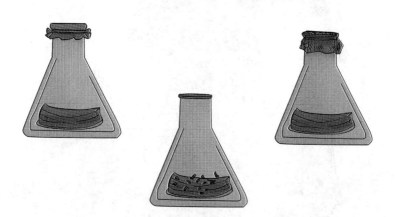

雷迪预备了三个瓶子，把三块新鲜的肉分别放在三个锥形瓶中。第一个瓶子的口用羊皮纸包住，第二个瓶口敞开，第三个瓶口用纱布包住。然后把三个瓶子放在窗台上，几天后，他发现三个瓶子里的肉都腐烂了，但是情况却不尽相同：第一个瓶子里没有生蛆，羊皮纸上也没有卵；第二个瓶子里出现了蛆；第三个瓶子里没有蛆，但纱布上有卵。

了一个鹅颈瓶实验。首先，我特意设计了一个细长而弯曲的'鹅颈瓶'，它的奥妙在于可以确保空气中的微生物或'微胚'无法进入，然后在鹅颈瓶里装上了灭过菌的有机溶液。经过观察，发现微生物并没有自然发生。接着，我又把鹅颈瓶的弯曲瓶颈弄断，结果溶液中不久就出现了微生物。显而易见，鹅颈瓶实验为'生源说'提供了最有利的证明，所以以普谢为首的自然发生论者的谣言也就不攻自破了。"

"那么，普谢就这么乖乖认输了吗？"文森问。

"当然没有，我记得愤愤不平的普谢特意向巴斯德老师发起了一场论战，不

巴斯德的鹅颈瓶实验

为了证明空气中存在微生物，巴斯德设计了一个著名的鹅颈瓶实验。他把一个烧瓶放在火焰上拉扯出一个弯曲的长颈，分别将牛奶、肉汤、血液和尿液等有机液放进去加热消毒。以后，虽然外界的空气可以自由进入烧瓶内，但由于瓶颈是弯曲的，拦住了带菌的灰尘颗粒。因此，烧瓶内的各种有机液不会受到微生物的侵染。但是，如果把曲颈瓶倾斜一下，让有机液流过弯曲部，或者把曲颈打破，有机液很快就会变质。

过由于鹅颈瓶实验太完美了，普谢没办法找出破绽，所以他并未出席论战，结果也就宣告他不战自败了。"张秋抢先作答。

巴斯德老师静静地听着文森和张秋的对话，并没有作声。看他的沉思的神情，显然已经走入了另一段故事。

❀ 关于炭疽病和鸡霍乱的研究

"1881年5月5日，是个让我终生难忘的日子。那天我在医生、兽医、药剂师、农民等数千人面前做了一场表演实验。我让50只羊和10头母牛感染恶性炭疽病，为它们中的一半预先注射弱毒病原菌，另一半不注射，结果发现，没有注射过弱毒病原菌的牛羊相继死亡，而注射过的牛羊则表现健康。这次实验大获成功，到场的人们都惊奇欢呼，他们看到了生活的新希望，从此再不用担心牛羊因患炭疽病而导致死亡了。"

"可是通过接种病毒原菌来防治疾病的方法属于免疫学的范畴，您是怎么会产生这种奇思妙想的呢？"张秋很专业地问道。

"实验。我一直坚信，任何问题都是可以通过实验解决的。其实在最初接触炭疽病的时候我也是非常困惑的，当时这种病在法国的农村肆意蔓延，引起了大批牛羊的死亡，死亡率高达20%。它像一个恶魔一样来势凶猛，牛羊在发病时会浑身颤抖，接着瘫痪出血，几个小时后便会死亡，死亡后还会全身肿胀。为了探究病因，我曾将患病的尸体剖开，结果发现，死后的牛羊血液已经变成了黑色黏稠状，甚至连脾脏也变成了黑色，而且呈液体状，非常奇怪。"

"为什么患了炭疽病的牛羊血液和脾脏会变成黑色呢？它们是中了什么毒吗？"文森困惑地问。

"没错，当时我也是这样怀疑的。我认定炭疽病的致病因子一定是在血液里，而这种病一定是由某种我们肉眼看不见的微生物引起的。后来经过反复试验，我发现原来炭疽杆菌正是导致炭疽病的'元凶'。尽管已经'擒获'了'凶手'，可是我却仍旧一筹莫展，因为我一时还想不到对付它的办法。"

"那遇到这种情况，您一般会怎么办？"张秋激动地发问，因为她也经常在实验中遇到这种状况。

"既然炭疽病研究不通，那么我就去研究鸡霍乱呗。"巴斯德老师摊开两手，摆出一副无所谓的神情。

"那不是半途而废吗？"张秋紧皱着眉头嘟囔了一句。

"**这不是半途而废，做学问不能那么死心眼，此处不通，不妨另寻他路。**事实上，我正是在研究鸡霍乱的防治中受到启发，后来才成功解决了炭疽病的问题。"

"鸡霍乱是什么病？它和人类的霍乱病有关系吗？"文森突然插嘴。

"鸡霍乱也是一种由微生物引起的疾病，它除了感染毒性和极高的死亡率与人类的霍乱病相似之外，其他方面毫无关系。在研究鸡霍乱的时候，我成功分离出了鸡霍乱的病原菌。为了证明这种病原菌就是鸡霍乱的病因，我给健康的鸡注射了病原菌的纯培养物，可是结果却大大出乎我的意料。"

"这些注射过病原菌的鸡没有死吗？"

"没错，它们既没有死，也没有生病。这完全不符合常理。"

"是不是实验的哪个环节出了问题？"

"我当时也是这样想的。于是我仔细检查了实验的每一个步骤，结果发现，原来在实验中，我使用的病原培养基是已经生长了数周的老培养物，而不是为实验准备的新鲜培养物。于是，几周以后，我又用两组鸡重做了上述实验，给两组鸡都注射了新鲜的病原菌培养物。这一次你们猜结果如何？"巴斯德老师问道。

"结果两组鸡都死了。"文森答道。

"不，应该是一组鸡死了，一组没死。"张秋发表了不同的观点。

"那么你觉得哪组鸡没有死呢？"

"应该是之前注射过老培养物的那组鸡没有死，因为它们的体内已经产生了抗体。"

"看来这位同学对免疫学还是有一定研究的。她说得对，实验的结果正是后来参加实验的第一组鸡全都发病并死亡，而曾经注射过老培养基的第二组鸡则健康活泼。说实话，这个结果让我感到非常意外，不过我很快就找到了答案。我回想起了 1798 年詹纳成功运用牛痘病毒使人对天花产生免疫的事情，因此，我想这次的实验结果极有可能遵循的是同一原理。"

"也就是说，在数周前给鸡注射的老营养物，它们之中含有的细菌虽然已经失去了致病能力，但是它们却保留着一定的毒性，这些毒性能够刺激宿主产生抗体，让宿主在下一次遭受此种细菌侵害时可以免受伤害。"张秋再次专业地为巴斯德老师做了总结。

"正是这个道理。其实当时詹纳也是误打误撞发现，通过接种牛痘可以治疗天花。可是他只是发现了治病的方法，对其中原理却是一知半解。而通过这次对鸡霍乱的研究，我虽然也是在偶然间发现了治疗鸡霍乱的方法，可是其中更大的收获是，在发现治病方法后，我们终于解开了接种免疫背后的科学道理。"

"所以，接下来您把接种免疫的治疗方法加以推广了，是吗？"

"没错，我首先想到的就是，能不能把这种方法用在炭疽病的治疗上。因为我在前面提到过，在炭疽病的研究上，我遇到了挫折，一直没能找到对付这种细菌的有效方法。"

"无疑，最终您成功地打败了炭疽杆菌，否则就不会有之前您描述的一番'壮景'了——千人欢呼，共同庆祝炭疽病接种疫苗的成功。"文森调侃道。

"哈哈……是的，套用你们中国的一句俗话，这应该就叫作'功夫不负有心人'吧。"巴斯德老师大笑着，挥了挥手，从容地离开了教室。

一堂课这么快就结束了，众人还沉浸在刚才的热烈气氛中没缓过神来，尤其是张秋，她还没来得及向巴斯德老师请教她实验失败的原因。不过此刻，这些好像都已不再那么重要，因为与巴斯德老师共度过一堂课后，她觉得自己的心境好像又上升了一层。或许，没有必要把实验的成功失败看得过分重要，因为最宝贵的财富往往是在不断实践的过程中收获的。

巴斯德老师推荐的参考书

　　《**酒精发酵**》 巴斯德著。这本书里记录了巴斯德发现酒精酵母的过程和原理，以及用加热的方法灭菌的实验过程，是了解巴斯德微生物研究的入门读物。

　　《**蚕病学**》 巴斯德著。在本书中，巴斯德讲述了自己发现引起蚕病的细菌的过程以及如何消灭蚕病细菌的方法，是一本科学性与实用性兼备的书籍。

科赫老师主讲"细菌与病害的关系"

每一种特定的疾病都是由一种特有的微生物引起的。

罗伯特·科赫（Robert Koch，1843—1910）

　　科赫是德国医师、微生物学家，世界病原细菌学的奠基人和开拓者。科赫出生于德国哈茨附近的克劳斯特尔城，是一名矿工的儿子，从小热爱生物学。23岁时毕业于德国格丁根大学，当了一名乡村医生。后来，他在沃尔斯顿任外科医生，节衣缩食建了一个极其简陋的实验室，单枪匹马地开始了病原微生物的研究工作。他凭借自己的天赋和努力，发现了炭疽杆菌，并在此基础上发展出一套用以判断疾病病原体的依据——科赫法则。科赫法则第一次向世人证明了一种特定的微生物是特定疾病的病源，这是人类与传染病斗争中的一次伟大胜利。后来他又在结核病的研究上取得了很大成就，并因此获得诺贝尔生理学或医学奖，被后世尊为"细菌学之父"。

寒假很快就结束了，久别重逢的张秋和莉莉欢天喜地地迎接着新学期的到来，聊起了天。

"科赫也研究过炭疽杆菌吗？这我还真不知道。"张秋困惑地说。

"是的，巴斯德是在科赫法则的基础上才发现了炭疽杆菌疫苗的，所以，尽管巴斯德在炭疽病的研究上名声显著，但是科赫也是功不可没的。"莉莉解释道。

"你又帮我发现了一块大漏洞，看来我回去要好好研究研究科赫的著作了。"

"我听说这个学期'神秘生物课堂'的第一节课就是由科赫老师主讲的，咱们可以一起'脑补'了。"

"哈哈……这也太巧了吧，是不是快上课了啊？"

"是啊！你再不走，科赫老师就要走了。"莉莉一边看表，一边抓起张秋的胳膊，两人向着"神秘生物课堂"奔去。

🔘 发现炭疽杆菌

"诸位同学下午好，我是德国生物学家罗伯特·科赫。也许你们对我张脸不太熟悉，不过我的名字你们应该不会陌生吧？"当张秋和莉莉二人来到教室的时候，一位高大的外国男士正站在讲台中央做着自我介绍。

"当然，您的'科赫法则'享誉世界，稍微了解一点儿生物学知识的人都知道您的大名。"莉莉非常有认同感。

"谢谢夸奖。当年为了研究炭疽病，我特意建立了自己的小实验室，一个人在显微镜下进行艰难的实验探索，结果率先发现了炭疽杆菌与炭疽病之间的联系。"

"你们可能都知道，我和巴斯德在学术上是死对头，针锋相对了一辈子。尤其是在炭疽病的研究上，我们俩曾发生过激烈的争论。不得不承认，巴斯德对炭疽病的治疗做出了很大的贡献，他发现的炭疽杆菌疫苗拯救了大批牛羊的性命，也挽救了法国的畜牧业，这些都让我十分钦佩，可是与此同时，他取得的这些成就对于一直致力于研究炭疽病的我来说也是一个沉重的打击。"说到此处，科赫老师略微停顿，无奈地叹了口气。

"但是您在炭疽病研究中做出的贡献也是非常重要的。要不是您首先发现了炭疽杆菌是炭疽病的病原菌，巴斯德老师也不会有后来的巨大收获。"女医生说道。

"哈哈……好了，不要再纠结这些名利之事了，接下来还是跟大家分享一下我在炭疽病方面的研究成果吧。

"炭疽病的病原菌——炭疽杆菌，是一个较大的实体，大量存在于感染炭疽病动物的血液中，直接血检就可以发现其存在。在我之前，已经有很多生物学家在感染炭疽病的动物血液中发现了这种病菌，但是他们并没有将它提取出来，也没有发现炭疽杆菌就是炭疽病的病原菌。而我在研究炭疽病的时候，也在感染炭疽病的牛羊的体内发现了炭疽杆菌。为了证明这种病菌正是引发炭疽病的'罪魁祸首'，我首先把这种细菌接种到兔子和老鼠的身上，结果它们成功地感染了炭疽病。之后，我又把一小块携带炭疽杆菌的小鼠脾脏培养在一头母牛眼球的房水中，结果发现炭疽杆菌才是通过牛眼球房水传递的致病因子。

"后来我又发现，不仅患病的羊的血液具有致命性，经过 10 至 20 代的转移培养后得到的纯细菌培养物也能迅速杀死一只小白鼠。这些实验充分表明，炭疽病不是由被感染动物血液或组织中的某些毒素引起的，而是只有能够在实验动物体内增殖并能在实验室培养出的炭疽杆菌才能传播此病。我用显微镜观察玻璃片上的炭疽杆菌时发现，随着培养液的蒸发，丝状杆菌变成了卵形孢子，等到再加入新鲜的培养液后又变成了原来的样子。

"后来经过多次反复试验，我终于分离出了炭疽病的致病菌，确定了该菌的**生活周期**，并解释了炭疽的自然病程。我发现，炭疽之所以能够在'受灾'的牧场中持续不断地流行，是因为炭疽杆菌的孢子可以耐受极其苛刻的条件而存活多年，一具死于炭疽病的动物尸体可以成为无数孢子的源泉。动物间传播此病最普通的形式就是通过孢子，而对患病动物进行屠杀、宰割和剥皮的工人之间也可能通过活杆菌进行传播。"

"看来您对炭疽杆菌以及它的致病原理已经研究得十分透彻了，可是了解这些之后，您认为我们应该怎样对付这种病菌

刘成老师评注

科赫阐明了炭疽杆菌的生活周期以及传播方式，并证明了炭疽杆菌的孢子可以在土壤中存活多年。

呢？"张秋问道。

"在用疾病的病原学原理详尽地阐明了炭疽杆菌的作用后，我提出了许多使动物和人免受这种疾病侵扰的预防措施。首先，我认为应该正确处理尸体。因为孢子的形成需要空气、湿度，以及15℃以上的温度，所以如果把病羊埋在浅而潮湿的地方，那么这些地方正好为孢子的生长和分布提供了有利条件。所以，为了杀死孢子，最好的办法是把患病的动物尸体埋在远离农场的干燥深沟内，这样才能消灭其危害性。另外，我在研究炭疽在牛、羊、马中的发病情况时发现，羊通常是这种疾病的感染宿主，因此把羊同其他动物分开饲养，也是阻断传染链的一种有效方法。

"以上就是我对炭疽病的全部研究，尽管我已经从病原学上对炭疽病的致病原因进行了科学详尽的解释，可是还是有很多人对炭疽杆菌是'致病元凶'的说法存在质疑。因此，后来巴斯德又在我的研究基础上对炭疽杆菌进行了进一步研究，并最终取得了完满结果。"

"没错，巴斯德老师已经在上节课给我们讲过了对炭疽病的研究，结合您今天这番讲解，我们已经对炭疽病的发病原因以及防疫方法有了非常系统详尽的了解了。"张秋笑着说道。

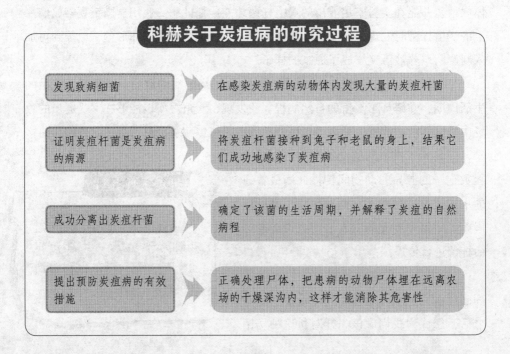

科赫关于炭疽病的研究过程

发现致病细菌	在感染炭疽病的动物体内发现大量的炭疽杆菌
证明炭疽杆菌是炭疽病的病源	将炭疽杆菌接种到兔子和老鼠的身上，结果它们成功地感染了炭疽病
成功分离出炭疽杆菌	确定了该菌的生活周期，并解释了炭疽的自然病程
提出预防炭疽病的有效措施	正确处理尸体，把患病的动物尸体埋在远离农场的干燥深沟内，这样才能消除其危害性

🔬 科赫的盘子技术

"在完成了炭疽病的研究后,我又转向了对外伤感染和创伤性感染疾病的研究。在这个领域里,我并不是第一个探索者。在我之前,生物学家李斯特已经将抗菌方法应用于防止外科手术后的感染,这是对巴斯德病菌说的一个有力证实。而当时的科学家们也普遍认为,外伤热、化脓性感染、腐烂性感染、白血病以及脓毒症的性质基本相同,可是尽管如此,关于微生物是疾病发生的原因还是结果,这个问题还是一直存在争议。"

"我不太明白,什么叫作'关于微生物是疾病发生的原因还是结果存在争议'?"这次提问的是文森。

"也就是说,虽然我们已经在患病的动物体内发现了微生物,但是这并不能说明就是由这种微生物引起了疾病,因为还有一种可能是,动物因为患了病才产生了微生物。"

"那么要怎样才能排除第二种可能的干扰呢?"

"要证明这些微生物是引发疾病的原因而并不是伴随疾病产生的,最好的办法就是证明健康动物的血液或组织中都不存在细菌。于是我利用改进的照明和染色方法实现了这一目的,我成功证明了健康的动物体的血液或组织中都不存在细菌。接下来我又将已感染脓毒病的动物的血液注入健康小鼠体内,结果随着细菌的增殖,健康的小鼠也感染了脓毒性疾病。

"在这次试验取得成功后,我又观察了小白鼠和兔感染坏疽病、扩散性肿瘤、败血症和丹毒等病的各种症状,结果这些实验结果都为我们的猜测提供了证据,那就是这些疾病的引发都与微生物有关。"

"好吧,既然您现在已经证明了众多疾病的产生都与微生物有关,那么我想问,导致某一种疾病的微生物是固定的还是变换的呢?"女医生再次提出一个很专业的问题。

"这个问题问得好,这正是我接下来重点研究的课题。当时许多杰出的科学家都认为微生物是非特异的,很容易转换成不同的类型,所以导致某种疾病的微生物也并不是特定的。可是我却坚持认为,致病菌是以特定的形式存在的,而且特定的疾病都是由特定的病菌引起的。可是要证明我的这一想法，首先要证明细菌是以特定的种群存在的。"

"那么，要如何才能观察到细菌的生长形态呢？"张秋问道。

"要想做到这一点，就必须得到纯的菌株培养物，这又是另一个大难题。最初我用土豆片做培养基，但是不久就发现，并不是所有的病原细菌都能在土豆片上生长。尽管初次尝试遭到失败，但是我仍然坚信，只要条件满足，就一定能够在固体培养基上培养出纯的菌株培养物。

"于是我又接着做了很多实验。在经历了许多次失败后，我开始意识到，要找到一种适用于所有微生物的万能培养基的想法是不可能实现的，于是我开始试着探寻一种新的培养基。我利用明胶把普通的肉汤培养基固化，然后再把它切成

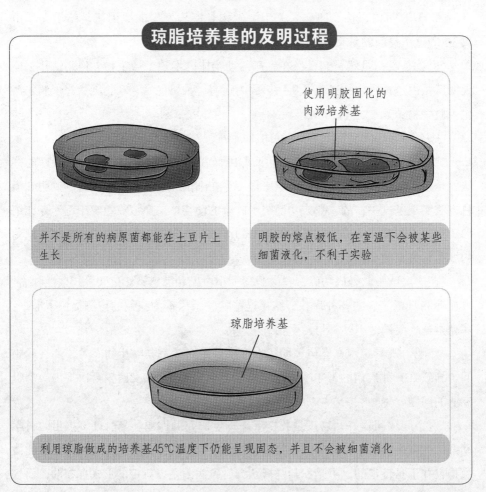

琼脂培养基的发明过程

并不是所有的病原菌都能在土豆片上生长

使用明胶固化的肉汤培养基

明胶的熔点极低，在室温下会被某些细菌液化，不利于实验

琼脂培养基

利用琼脂做成的培养基45℃温度下仍能呈现固态，并且不会被细菌消化

土豆片的形状来培养微生物，结果取得了不错的效果。可是不久我又发现，这个新发明的培养基存在着一个弊端，那就是明胶的熔点极低，在体温状态下就会被融化，而且在室温下还会被某些细菌液化，这非常不利于实验的进行。"

"所以您又找到了琼脂来替代明胶，是吗？"张秋笑着插上一句。

"没错，**这是我的妻子兼助手海斯的伟大建议**。她说她的母亲曾用琼脂制作过果子冻，凝固效果不错，所以建议我尝试一下。我听从了她的建议，结果利用琼脂做成的培养基在 45℃的温度下仍能呈现固态，并且不会被细菌消化。

"后来，琼脂培养基被人们广泛使用，大家还亲切地把您的这项发明称为'科赫的盘子技术'，就连您的'死对头'巴斯德都公开赞美您的这项成就。"

"哈哈……的确有这么回事。那是1881 年，我在伦敦举行的医学大会上演示了我的'盘子技术'，结果巴斯德看到后，对我说，'先生，这真是一个了不起的进步。'这应该是我们一生之中难得的一次和平对话吧。"说完这段话，科赫老师又爽朗地笑了起来，看来这段回忆对他来说也是弥足珍贵啊！

刘成老师评注

很多时候，科学上的伟大成就都来自研究者身边人一句不经意的话或一点儿提醒，所以说，有时候一个伟大的科学家是需要一位优秀助手来成就的。

🌀 与结核病的"持久战"

"在'盘子技术'为我在国际大会上赢得荣誉之后，我又开始寻求新的科研目标。**我听说巴斯德选择了狂犬病作为研究对象**，这是一种在当时十分引人注目的疾病，因

刘成老师评注

狂犬病是一种被疯狗咬过之后而感染的十分凶险的疾病，一旦发作，死亡率接近100%。在19世纪末，人们已经知道了比细菌还小的病毒，并且已经证实狂犬病是由狂犬病毒所引起的，但不清楚这些病毒是如何引发人的中枢神经系统的病变的。

为它直接威胁生命，令人们十分恐惧。不过我对狂犬病却兴趣不大，因为尽管它十分危险，但发病率极低。因此，如果从一种疾病的牺牲者数目来量度其危害严重性的话，那么在当时的19世纪，给人们造成最大困扰的疾病莫过于结核病了。

"关于结核病，大家应该并不陌生，这是一种极其常见的疾病，它就像瘟疫一样几乎无处不在，时刻威胁着人类的健康。据当时的流行病学家们统计，全世界有七分之一的人死于结核病。更糟糕的是，这种疾病的发病年龄往往是在富有活力的青壮年，因此对社会造成了极大影响。"

"既然结核病危害如此之大，那么当时的人们没有找到它的发病原因吗？"莉莉问道。

"科学家为此做过努力，不过由于结核病的病原菌结核杆菌是一种大小仅有炭疽杆菌的十分之一的'精致的棒形物'，极难观察，甚至在纯培养基中都很难生长，所以一直没有被人发现。"

"那您后来又是怎么发现结核杆菌的呢？"

"首先，我成功地把感染人的结核杆菌转移到了一种更方便实验的动物——豚鼠身上。接着，我尝试采用了固定技术和染色方法，但是因为结核杆菌表面还附着一层蜡，所以染色的过程变得十分艰难。在经过反复试验和耐心观察后，我终于成功发现了这种可怕的致病因子。

"不过这一次小小的胜利只是一个开始，接下来还有很多工作等着我们，比如，结核杆菌的繁殖问题。经过研究，我发现，这种杆菌并不像炭疽杆菌那样容易形成孢子，只能生长在温度高于30℃的特别培养基中，这也就是说，结核杆菌并不是像'炭疽杆菌那样的兼性寄生生物'，而是依赖于动物体才能成活的真正的寄生生物。"

"这也就是说，这些病菌寄生在患者的身上，靠他们的机体养料存活。难怪那些患结核病的人都面色苍白，身材消瘦。"莉莉一边说着，一边流露出十分恐惧的表情。

"不止如此，这种病菌最可怕的地方在于，每一个患者都能成为它'最有效的散布源'。我通过研究发现，在结核病病人吐出的一口痰中，含有大量的致病细菌。就这样，这种可怕的微生物散布在地板、棉织物等物品上，它们肆无忌惮。在那些通风不良、潮湿肮脏的出租房里，它们甚至可以存活好几天。"

"原来结核杆菌的传染如此容易，难怪会有那么多人遭到它的'毒手'。那么，我们有什么办法能够阻止这种病菌危害人间呢？"

"哦，这又是一个让我难以启齿的问题。怎么说呢，在发现结核杆菌后，我也曾试图寻求对付这种细菌的有效方法，起初我以为我成功了，还大肆宣扬，可事实证明，一切只是空欢喜一场。看来要想打败这种顽固的细菌，还需要更多的努力。"

"结核杆菌的确很难对付，就是在科学技术已经如此发达的今天，也没有找到根治结核病的方法。所以科赫老师您完全不用自责，您能在当时的科技水平下，把结核病研究得如此透彻，已经是非常厉害了。"女医生再一次发表了她的"专业总结"。

"哈哈……多谢谬赞。我只能说，不管我的成果如何，如今我已经退出了历史舞台，所以，攻克结核病的重任，只能移交给你们这些新生代了。希望有朝一日，我能听到人类攻克结核病的喜讯。"

说罢，科赫老师礼貌地鞠了一躬，潇洒地离开了教室。张秋和莉莉也带着满满的收获与众人道别离开。

科赫老师推荐的参考书

《炭疽病病原及其发育史》 罗伯特·科赫著。科赫在本书中详细记述了对炭疽病的研究，记录了第一次用固体培养基的细菌纯培养法培养和分离出炭疽杆菌的过程，最后得出了炭疽杆菌是导致炭疽病的根本原因的结论，是生物学史上一部重要的著作。

《论结核病病原》 罗伯特·科赫著。在本书中，科赫第一次明确系统地提出了证实疾病病原菌学说的四条原则，即闻名后世的"科赫法则"。这一法则系统地阐述了鉴定某种特定微生物是引起某一疾病原因的方法，后来成了现代传染病学的基本原则。

第十堂课

埃尔利希老师主讲"侧链理论"

机体细胞的表面具有多种不同的侧链大分子，当细胞受到毒素的刺激后，就会产生大量的侧链大分子与毒素结合，来保护机体。

保罗·埃尔利希（Paul Ehrlich, 1854—1915）

埃尔利希是德国免疫学家、血液学家，化学疗法的创始人和治疗梅毒用药"606"的发明人。因对免疫学贡献重大，于1908年与И.И.梅契尼科夫共获诺贝尔生理学或医学奖。埃尔利希生于德国西里西亚的一个犹太家庭，毕业于莱比锡大学并获医学博士学位。早年从事生物体内不同组织、细胞与染料的亲和力的研究，发明了活体染色法；鉴别了肥大细胞与浆细胞；发现嗜酸性粒细胞；首次鉴别了髓细胞性白血病的各种类型；首次提出白细胞按所含颗粒染色特性的分类法；发明结核菌的抗酸染色。1890年研究免疫问题，创立了"侧链理论"，为诊断、治疗和预防传染病提供理论基础。晚年时，他又专攻化学药物治疗传染病的研究，发明治疗梅毒的有效药"606"，成功地为人类解决了梅毒这一困扰，他的这一疗法被称为化学疗法的先驱。

　　自从上次听了科赫老师的课回来之后，张秋就变得紧张兮兮，总觉得自己被细菌包围着，好像时刻都会"惨遭毒手"。她每天用消毒水把寝室里里外外都喷个遍；衣服、被褥一天一换，还要日照杀菌；每天至少洗手二十次，出门必戴口罩，而且绝不吃外面的食物。

　　眼看着张秋这么折腾，室友们都很无奈，可是却拿她没有办法。每次有人反对她，她都能从生物学的角度说出一大车道理，根本不容反驳。

　　莉莉知道后，对她说："好啦，你杀毒灭菌的行为没什么不对，但我只不过想告诉你，你完全没必要这么杞人忧天，因为我们的身体有自我保护的能力，它们完全可以抵御细菌。"

　　"这我知道，可是还是有一些很厉害的细菌会随时伤害我们的。你还记得科赫老师上节课讲的结核杆菌吗？它太可怕了，我可不想自己的身体被那家伙蚕食掉。"

　　"对于那些特殊的细菌和病毒，我们可以通过注射疫苗来让身体产生免疫啊！人体的免疫系统是很厉害的，你要信赖它们。你可以怀疑我，但是你不能怀疑科学。别忘了今天下午的'神秘生物课堂'又有新课，你赶紧脱掉白大褂跟我一起去听课吧，说不定今天的主讲老师能够帮你'治病'呢。"

🌑 体液理论与细胞理论之争

　　"同学们下午好，我是德国生物学家埃尔利希。我知道我可能不像之前给你们讲课的巴斯德和科赫老师那样出名，不过我在免疫学方面还是做出了一些独创研究，今天有幸来到这里，希望能与你们共同分享。"

　　张秋和莉莉听到埃尔利希老师要讲免疫学，非常激动。

　　"我听说你们之前已经先后听了巴斯德老师和科赫老师主讲的两节课，相信你们已经对细菌和疾病的关系有了一定的了解。"

　　"没错，科赫老师告诉我们，很多疾病都是由微生物引起的，而且某一种疾病通常都是由某一特定的微生物引起的，所以我们必须要提前消灭病菌，才能远离危害。"张秋紧握着拳头，那模样好像已经亲手捏碎了一把细菌。

"哦，这位同学没必要那么紧张。你说得没错，微生物如果入侵体内，的确会引发疾病，可是要知道，我们的人体也不是没有反抗能力的，反倒是具备一套强有力的防御机制，它们就像站在边防线上保家卫国的战士，日夜坚守岗位，不辞辛劳地保卫着我们人体的门户。"

"这么厉害，那么这些战士是从哪儿来的？它们又是怎么战胜入侵者的呢？"

"这个问题正是19世纪免疫学的一个主要研究课题。关于人体的**免疫**机制，当时有两大学派。一派认为，人体是靠体液来免疫的，当外来细菌入侵时，血液和体液中会诱导出某些因子，正是这些因子充当了'人体卫士'的角色；而另一派则认为，在人体内起到防御机制作用的是某些特殊的细胞，比如我们最熟悉的吞噬细胞，正是众多'战士'中的重要一员。

刘成老师评注

　　"免疫"一词由拉丁词"*immunis*"而来，其原意为"免除税收"，也包含着"免于疫患"之意。在生物学上，免疫一词是指机体识别"自身"与"非己"抗原，对自身抗原形成天然免疫耐受，对"非己"抗原产生排斥作用的一种生理功能。

"吞噬细胞透过吞噬有害的外来微粒、细菌及坏死或凋亡细胞以保卫人体的白细胞。最先发现白细胞中存在微生物的是科赫，他曾在完整的血液细胞内看到炭疽杆菌。但是他认为，这是细菌侵入了白细胞并在其中繁殖，他并没有想到，其实这是白细胞在履行它的'保卫职责'。

"后来俄国生物学家**梅契尼科夫**也观察到了同样的现象，不过他却站在免疫学的角度提出了新的观点。他认为这些白细胞并不是被动地被细菌侵入，而是主动吞噬细菌，目的是在细胞内把它们消化掉。梅契尼科夫的这一观点在当时是非常新颖的，大多数人都不能接受，但是他却力排众议，坚持己见。

刘成老师评注

　　梅契尼科夫是俄国生物学家，由于发现了吞噬细胞和细胞吞噬过程而受到人们尊敬。他几乎是一个人孤军奋战，成了用细胞理论来解释感染机理的胜利者。

"他找来一种小型、简单而透明的水蚤作为研究对象，这种水蚤经常会受到酵母菌的入侵而患有疾病。在观察酵母菌入侵水蚤的过程中，梅契尼科夫清晰观察到了吞噬细胞工作的全过程，这无疑为细胞理论派提供了十分有利的证据。"

"既然梅契尼科夫已经证明了吞噬细胞的免疫功能，那么这是不是能够从反面说明体液学派的免疫理论是错的呢？"莉莉问道。

"当然不能。这是不符合因果逻辑的，而且这两大理论并不是相互矛盾的。如果我们把思路拓开就会想到，其实细胞因子和体液因子是完全可以协同工作的。"

"没错，人体的免疫系统是非常庞大、非常复杂的。它并不只是几个零星站岗的'小士兵'，而是一支组织精密的'护卫队'；它也不止有一种运转机制，而是由许多'部门'协同工作的，它们每天24小时都在不眠不休地保卫着我们的身体，非常敬业，所以在正常的情况下，我们完全不用害怕那些细菌。"女医生再次及时又专业地发言。她的话像一颗定心丸，让张秋这些天一直悬着的心终于放了下来。

"人体的免疫系统的确是非常复杂的，不过当时的人们对它的运转机制还不是十分了解，所以细胞学派和体液学派两大流派才会争论不休。不过这种争论也并不是毫无益处的，从另一个角度看，它反而起到了促进作用。比如，在梅契尼

捍卫人体的三道防线

第一道防线	由皮肤和黏膜构成，能够阻挡病原体侵入人体，而且它们的分泌物（如乳酸、脂肪酸、胃酸和酶等）还有杀菌的作用。如，呼吸道黏膜上有纤毛，可以清除异物
第二道防线	由体液中的杀菌物质和吞噬细胞组成。是人类在进化过程中逐渐建立起来的天然防御功能
第三道防线	由免疫器官（胸腺、淋巴结和脾脏等）和免疫细胞（淋巴细胞）组成。是人体在出生以后逐渐建立起来的后天防御功能，只针对某一特定的病原体或异物起作用，因而叫作特异性免疫（又称后天性免疫）

19世纪免疫学的两大学派

	体液免疫	细胞免疫
代表人物	贝林	梅契尼科夫
观点	当外来细菌入侵时，血液和体液中会诱导出某些因子来保卫身体	某些特殊的细胞在人体内起到防御的作用
贡献	发明血清治疗法	发现了吞噬细胞和细胞吞噬过程

科夫发现了吞噬细胞后，细胞理论获得了很大的发展，于是体液理论的支持者不甘落后，赶紧拿出了自己的新成果。

"1890 年，德国免疫学家贝林和日本医生北里柴三郎在研究白喉杆菌和破伤风杆菌时发现，这两种病菌分别能够释放出两种特殊的毒素——白喉毒素和破伤风毒素，只要把这两种毒素注入机体，就会引发疾病的相关症状。随后，他们又进行了一系列的试验，结果发现，在给动物注射一定量的毒素后，动物血液中就会出现一种中和细菌毒素的化学物质——抗毒素。一旦把这种抗毒素提取出来，注入其他动物的体内，就可以起到免疫作用，还能治疗白喉病患者。贝林称这种治疗方法为血清治疗法，并且把它归为体液疗法的一种。"

"那么血清治疗法效果如何？"文森问道。

"在 1891 年圣诞节的晚上，贝林首次在一个孩子身上尝试了血清治疗法，结果大获成功。所有人都兴奋不已，因为他们不仅看到了**白喉病**的救星，还预言血清治疗法即将成为一种征服所有传染性疾病的普遍有效的手段。这一构想当然是白喉是由白喉棒状杆菌引起的急性呼吸道传染病，主要通过呼吸道飞沫或与感染病人接触传播。患此病的症状为：咽喉鼻等处灰白粗厚的假膜形成，以及外毒素引起的心肌神经及其他脏器的损害，并伴有全身中毒等症状，如，发热、乏力、恶心呕吐、头痛等。

非常棒的，不过可惜，他们高兴得太早了，因为在白喉抗毒素的生产方法上，还存在着许多技术问题有待解决。"

"所以后来，他们又邀请您加入研究，而您也非常给力地帮他们找出了一套可以生产出高活性、标准化血清的科学方法。"一位女同学说。

"没错，我的确受邀参与到了白喉抗毒素的治疗研究中，虽然成果还算丰富，不过这并不是一段美好的回忆，你们也应该有所耳闻，我和贝林的合作并不愉快。"

🔵 埃尔利希的"神奇的子弹"

"贝林这位伟大的科学家在免疫学上做出的贡献当然是无可厚非的，不过不得不说，在经济上他可真是个'精明鬼'，而我呢，当然是个'大笨蛋'。"说到这件往事的时候，埃尔利希的语气中略带自嘲的意味。

"据说当年埃尔利希和贝林一起负责研究白喉抗毒素的生产，埃尔利希成功解决了其中的难题，本可以拿到一笔巨款，但是在贝林的劝说下，放弃了自己的份额，结果贝林一夜暴富，而埃尔利希则除了一个国家研究所所长的空头衔之外，什么都没得到。"听到埃尔利希老师的抱怨，莉莉和张秋私下里耳语起来。

"你们不用在底下窃窃私语了，这些陈年往事我早都放下了。其实很多事情都是有舍有得，若不是经历过那一段清苦岁月，或许我还无法在学术上有所建树。同样，我也要感激贝林，若不是有幸参与了他的血清免疫研究，我也不会提出那著名的侧链理论。"显然，埃尔利希老师已释怀。

"好了，言归正传，我们接着回到学术领域。1891 年，我在从事以血清为介

质的免疫学研究时发现，将相思豆毒素或
蓖麻蛋白以极小的剂量注入动物体内，接
着再逐渐增加剂量，动物就会对它们产生
免疫力。后来我又发现，经过相思豆毒素
免疫的母鼠乳中含有抗毒素，而幼鼠如果
吃了母鼠的乳汁，或者接受了抗血清，那
么它们就可以借此获得暂时的免疫力。"

　　"也就是说，通过上述两种不同的方
式，都可以让动物获得免疫力，但是，获
得免疫的方式不同会对产生的免疫力造成
影响吗？"莉莉问道。

　　"是会造成影响的。第一种给动物体直接注射抗原，让机体产生抗体的方法，
我们叫作主动免疫。这种免疫是机体自发的，所以抵抗感染的能力比较强，要经
过几天、几个星期甚至更长时间出现，但是一旦获得便可以终生保持。而后一种
通过给动物直接注射抗体而让它免于病菌困扰的方法叫作被动免疫，这种免疫虽
然效应快，但是维持时间较短。"

　　"嗯，现在关于主动免疫和被动免疫的区别我已经基本听明白了，可是有
一点我还很困惑，那就是动物血液中这些具有免疫作用的抗血清是怎么形成
的呢？"

　　"哦，要回答这个问题，就要引入我的'侧链免疫理论'了。我认为在机体
细胞的表面存在着多种不同的侧链大分子，我把它们称为'受体'。当细胞受到
毒素的刺激后，就会产生大量的侧链大分子与毒素结合，来保护机体。而过剩产
生的侧链（即抗体）会从细胞上脱落下来，进入血液。由于它能与毒素结合，发
挥抗毒素的作用，所以人体的血清便具有了免疫能力。

　　"还需要说明的一点是，细胞的侧链是具有特异性的，它必须与相应的抗原
结合后，才能引起侧链的过剩产生和释放。也就是说，如果没有抗原的特异性结
合，即使细胞有侧链，也不能自行过剩产生和释放。"

　　"如果用现代免疫学的术语来解释的话，您的意思就是，只有特异性的抗原
才能识别产生特异性抗体的细胞，从而刺激这样的细胞产生抗体。"半天没有吭
声的女医生突然来了一句专业总结。

主动免疫和被动免疫

主动免疫

将少量相思豆毒素注入
小白鼠体内

注射过相思豆毒素的小
白鼠产生了免疫力

相思豆毒素

被动免疫

幼鼠在吃了母鼠乳
汁后，从母鼠体内
获得抗体

已注射过相思
豆毒素的母鼠

未注射相思豆
毒素的幼鼠

幼鼠获得了暂时
免疫

"没错，就是这个意思。看来你们现在的免疫学已经发展得非常成熟了，我的'侧链理论'在你们今天听来可能有点儿落伍了，不过这一理论在当时确实给了我很大的帮助。我把自然机体产生的抗体称为一枚'神奇的子弹'，但是由于机体不可能对每一种病原体都产生有效的抗体，所以我的目标则是，要模仿自然界这枚'神奇的子弹'，生产出更多能够自动寻出并消灭入侵细菌而又对人体无害的化学制剂。"

"这个想法听起来不错，那么您成功了吗？"张秋问道。

"成果还算不错。我以砷苯化合物为基础，通过改变化学结构，合成千余种衍生物。接着进一步筛选，我发现第 606 号化合物不仅对锥虫病有较好疗效，而且能成功地治疗梅毒。不过让人遗憾的是，这种梅毒制剂存在一定弊端，因为它本身具有毒性，所以在治疗的过程中会对机体造成一定伤害。"

"虽然您的梅毒制剂并没有取得完全的成功，但是您提出的化学疗法对后人产生了很大的启发。在您之后，许多科学家都纷纷致力于寻找'神奇的子弹'这项工作，虽然有大部分人是'失败而归'的，但是也有少数的幸运者在这个领域取得了成功。比如弗莱明发现的青霉素和多马克发现的磺胺，这些药物的发明，都证明您提出的化学疗法是具有可行性的。"女医生再次发言。

"好吧，听了这位女同学的话，我释怀了许多。现在时间也不早了，今天关于免疫学的讨论就先进行到这里，我希望下次再有机会见面时，能够听到你们给

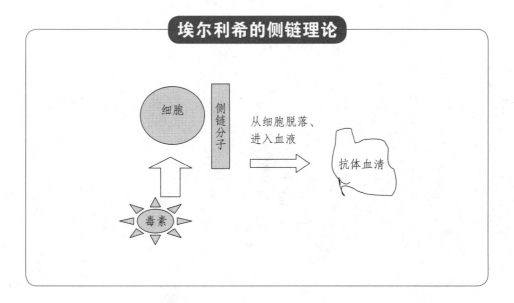

我带来更多的好消息。"

说着，埃尔利希老师迈着大步离开教室。张秋想，原来我的体内有这么强大的"护卫队"，那么以后我再也不用害怕那些该死的病菌了。

 埃尔利希老师推荐的参考书

《**细胞生命的免疫力**》 保罗·埃尔利希著。这本书主要记述了埃尔利希在免疫学上的主要研究成果，其中包括他通过实验发现细胞的主动免疫和被动免疫的过程，以及他对"侧链理论"的详细讲解，是免疫学领域的一部重要著作。

第十一堂课

林奈老师主讲"双名法"

自然界的生物可按照界、门、纲、目、属、种进行分类。

卡尔·冯·林奈（Carl von Linné, 1707—1778）

    林奈是瑞典博物学家，现代生物分类学的奠基人。林奈生于瑞典斯莫兰省的罗斯胡尔特村，受父亲的影响，自幼偏爱植物。成年后考入瑞典隆德城大学读书，在这里他系统地学习了博物学及采制生物标本的知识和方法，并且利用课余时间进行了大量的植物研究和考察。1735年，林奈周游欧洲各国，在荷兰取得了医学博士学位，并出版了《自然系统》一书。在此书中，他首先提出了以植物的生殖器官进行分类的方法。此后的二十余年，林奈一直孜孜不倦地潜心研究动植物分类学。他把全部动植物知识系统化，创造性地提出"双名法"，即给每种植物起两个名称，一个是属名，一个是种名，连起来就是这种植物的学名。这种命名方法共包括8800多个种，几乎达到了"无所不包"的程度，因此被后人称之为"万有分类法"。而林奈本人也因此被称为"18世纪最伟大的生物学家"，一直扬名至今。

三月，冰雪初融，万物新绿，适合出游踏春。"神秘生物课堂"提前通知，下周会请林奈老师来主讲分类学，张秋想到自己对植物了解不多，特意报名参加春游，想趁此机会采集一些样本。

春游中，她一头扎进树林深处，从早到晚忙活了一天，完全是上了一堂标本采集课。

回到宿舍，众人都累得瘫倒在床，唯有她仍兴奋不已，大半夜了还拿着自己采集到的植物标本啧啧赞赏。看来她已经"备好课"了，准备跟着林奈先生一起到"植物的世界"游览一番了。

🌼 分类学前瞻

"大家好，我是卡尔·冯·林奈，很高兴能有机会来到中国与大家见面。我对不同种类的生物一向兴趣浓厚，这一点你们应该早就有所了解。"在座同学纷纷点头。

"我一直致力于研究分类学，我的一生大半的时间都在给动植物命名、分类。对于这项工作，我乐此不疲。我始终坚信，研究的首要工作是要了解事物本身，而要想对客观事物有确切的理解，最好的方法就是对它们进行有条理的分类和确切的命名。这个道理其实很简单，就像图书馆要按照不同的类别给图书分类，父母要给子女取名字一样。如果大自然的万物不分类别，没有名字地混杂在一起，那么我们要想从中找到它们就像是大海捞针，又如何能对它们有更深入的了解呢？"

"这个我懂，这就像我们在填写个人资料时，最前面的两栏永远是姓名、性别一样，这两条是我们最重要的信息。姓名是我们区分于别人的代号，而性别则是我们的生物特征。所以要想向陌生人自我介绍，首先要把最基本的信息交代清楚。"张秋抢先发言。

"这位同学说得挺有趣，大概就是这个意思。总之，我认为分类和命名是科学的基础，所以在研究生物学的时候我就一直在想，能不能为这些纷乱复杂的物种找到一个系统的分类方法，这样当人们想了解它们的时候，就能像去图书馆找书那样方便了。"

"您的这个想法很棒，但是恐怕实施起来有点儿困难吧！首先您要以什么为分类标准呢？这就是一个棘手的问题。"张秋继续接话。

"这是一个值得详细讨论的问题。在早期原始社会，人们往往以实用的目的给生物分类，比如是否可以食用，是否有毒等，而随着人类的发展，人们逐渐意识到，要从理论的角度来研究动植物的分类问题了。比如你们熟悉的**亚里士多德老师**，他提出要按照动物的生活方式、行为、习性、身体各部分的特征和生殖特征分类，这些都是非常具有启发意义的建议。不过亚里士多德的分类研究主要涉及的是动物，他对植物的分类论述并不多。后来他的学生提奥弗拉斯特替他做出了补充，他凭借经验，按照生长的形式将植物分成了乔木、灌木和草本植物，一年生植物、二年生植物和多年生植物等。他的这种分类体系虽然还很粗糙，但在我的'双名法'提出之前，却一直在被世人沿用。

刘成老师评注

　　亚里士多德的分类思想一直统治着西方人的思想，他的许多分类观点及方法，包括对各级分类阶元的认识，如对纲和门的认识，甚至连林奈都不及。他给许多较小类群取的名称，如鞘翅目和双翅目，至今仍被人们沿用。

"历史的车轮在前进，人们发现的动植物也越来越多，17世纪瑞士科学家鲍兴在《植物图鉴》中记载了6000多种植物，这比15世纪的科学家们记载的500余种植物多出了数倍。这时人们发现，从前那种对植物进行简单划分的方法已经远远不够，一些科学家意识到，他们需要在分类方法和分类系统上有所改进。在这方面，意大利科学家切萨尔皮诺做出了不少贡献。

"分类学的工作主要分为两大部分，一是对生物的命名，二是阐明生物之间的亲缘关系和分类系统。切萨尔皮诺把主要精力放在了植物分类系统的研究上，他继承了提奥弗拉斯特的传统，将植物分成乔木、灌木和草本，之后又将亚里士多德的逻辑体系应用到植物学分类，从而创建了一种具有一定整体性和连贯性的分类方法。"

"什么叫作'亚里士多德的逻辑体系'，您能给我们解释一下吗？"莉莉轻声问道。

亚里士多德的逻辑体系

根据第一个问题，甲可以将他所想象的东西分成两类：生物和非生物。根据第二个问题，甲又可以确定这样东西并不是动物。按照这个逻辑，再问下去，总能把剩下的东西分成两类，因此最终一定会猜出答案。

"当然没问题。关于亚里士多德的逻辑方法我可以用一个众所周知的室内游戏来说明。一位客人被引进室内，人们让他猜当他不在室内时，其他人选定的一样东西。这时他提出的第一个问题可能是'它是活的吗'，这样就可以把他所想象的东西分成两类，生物和非生物。如果答案是'是'，那么他就可以问，'它是动物吗？'这样就可将活的生物又分成动物与非动物两类。以此类推，总把剩下的东西的类别分成两个部分，那么这位客人迟早会猜到答案。

"把亚里士多德的这种逻辑应用到植物学上，就是先将所有植物分成最大的类别'总类'，接下来再按照演绎法分成两个其下属的亚类，称为'种'。每个'种'在下一轮较低的划分中称为'属'，接着'属'再细分为'种'，如此反复进行，直到最低级的种不能再分为止。"

"那么亚里士多德说的'种'和'属'与您后来在'双名法'里提到的'纲、目、属、种'是一回事吗？"

"哦，这个是需要特别注意的，亚里士多德在这种'二分法'里提到的'种'和'属'是纯逻辑学上的，与我提出的生物学上的'种'并不是一回事。而**切萨尔皮诺的分类方法**沿用了这种逻辑分类法，所以尽管他突破性地提出了按照植物的营养器官和生殖器官识别来划分植物的想法，但

刘成老师评注

切萨尔皮诺之前的人或同代人一般是按照植物的药用性质或植物名称的字母顺序对植物进行划分、归类的。而切萨尔皮诺却独辟蹊径，独创了一种按照植物的营养器官和生殖器官分类的新方法，这种精神是非常难能可贵的。

是由于受到逻辑上的束缚，他在给植物分类的时候并没有完全依照其生物性状，所以他创造的这种'下行分类法'仍然存在很大漏洞。"

双名法

"可是，据说您在研究分类学时也受到了切萨尔皮诺'下行分类法'的很

大影响，那么您是怎么克服这种分类法中所存在的弊端呢？"这次发问的是女医生。

"首先我摒弃了切萨尔皮诺的这种'下行二分法体系'，采用了一个界之内只含有四种阶元层次的等级结构体系。我的分类系统从纲开始，一个纲分为若干目，目又分成若干属，属又分为若干种。在这个分类系统里，**种是最基本的单位**，同种的生物性状相同且能够相互交配。

刘成老师评注

林奈一生始终认为，种自从上帝创造以来都是静止不变的。

"在设定好我的分类系统后，我开始为植物分类。依照雄蕊和雌蕊的类型、大小、数量及相互排列等特征，我将植物分为24纲、116目、1000多个属和10000多个种。将它们分门别类之后，我又采用了一种新的双名法为植物定名。所谓双名法，就是将植物的常用名分为两部分，前者是属名，要求用名词，第一个字母必须大写；后者为种名，要求用形容词，要全部小写，并用斜体。此外，还要在名

林奈的双名法

银杏，学名：Ginkgo *biloba*, L.

属名　种名　林奈名称缩写

称最后写上命名人的姓氏或姓氏缩写。我这样说可能有点儿抽象，下面让我来举个例子，你们就会明白了。"林奈老师一边说着，一边转过身去，在黑板上写字。

"我们先以银杏树为例，它的学名为'Ginkgo *biloba*，L.'，其中 Ginkgo 是属名，biloba 是种名，而 L 则是我的名字林奈（Linné）的缩写。"林奈老师一边在黑板上勾画，一边为众人讲解。

"您讲的双名法我已经听懂了，可是现在还有一个问题有点儿模糊，那就是关于'属'的概念，我想知道它和'种'的区别到底在哪儿呢？"一向博学的女医生也有困惑的时候，这真有点儿让人意外。

"'属'是具有某些共同性质的种的集群。关于它的定义我在《植物属》这本书里有详细的介绍。我认为属就是性状，它是一种人为定义出来的集合阶元，是一种区分不同植物种类的手段。"

"我记得曾有一位科学家有一句形象的比喻，'就像要在一束花中，把彼此相似的植物理在一起，并将和它们不相似的分开。'这就是属的作用。我这样说对吗？"悟性极好的女医生极快地给出了反馈。

"非常正确，看来你已经完全明白了'属'的意义。现在既然大家已经掌握了植物学的分类方法，那么接下来不妨再一起看看动物学的分类和命名。和植物学的系统分类方式一样，我尝试将动物分成六个纲，分别是哺乳动物纲、鸟纲、两栖纲、鱼纲、昆虫纲和蠕形动物纲。在这套分类系统中，动物是从复杂到简单排列的，等级清晰。之后，我又利用双名法为动物界重新命名，经过这样一番梳理，从植物到动物，整个生物界都层次分明，有条不紊了。"

🌑 植物的性系统

"好了，本堂课讲到这里，我要提出一个问题。你们有没有想过，我们如此大费周章地给动植物分类，目的是什么呢？"林奈老师突然发问。

"分类的目的是使植物学家能够'认识'植物的系统。"文森不假思索地回答。

"那么什么叫'认识'植物的系统呢?"林奈老师反问道。

"就是能够肯定而又迅速地叫出它们的名字。"文森回答。

"好,这两个问题回答得都不错,这正是我在制定植物分类系统时的思路。我一直在想,要选择怎样的分类标准才能把植物一目了然地区分开呢?我在经过长时间的观察、研究后发现,只有以明确、稳定的性状为基础才能制定出这样的系统。那么,植物的哪个部分性状最为稳定呢?这又是另一个难题。

刘成老师评注

在林奈的研究生涯中,他一直比较关注植物的生殖器官和生殖过程。他甚至使用诗一般的拟人化语言描述植物的生殖:他将花瓣描述为"植物的婚床",将同种植物的交配称为"纯洁的婚姻"。

"早期的植物分类学家选择植物的营养器官作为植物的区分标准,但是这种方法存在一定弊端,因为植物的营养器官会在特殊条件下表现出多方面的适应性,因而会受到趋同倾向的影响。例如仙人掌和大戟这两种植物,它们虽然不属于同一系统,但是它们的营养器官却表现出了相同的特征。所以,为了排除这种弊端的干扰,我选择了植物的花作为研究性状的主要来源。**花是植物的生殖器官**,选择它作为性状来源的优点在于,雌、雄蕊的数目差别并不具有特别适应性,也就是说,它们一般不会因为环境的影响而改变先天的性状。"

"那么您在上面介绍的纲、目、属、种四阶元植物分类方法,就是以此为基础进行分类的吗?"

"没错,我把这种方法称为'性系统',在这个系统里,我选用了数目、形状、比例、位置这四个性状作为基本依据。例如,有多少雌雄蕊?它们是不是合并的?雌蕊和雄蕊的比例是多少?雌蕊和雄蕊是否在同一花中?我正是利用以上不同性状将自然界中的成千上万种植物划分成24个纲,然后在此基础之上,又继续把纲划分为目,接下来以此类推。"

"您建立植物性系统来分类的想法固然不错,可是这种分类方法毕竟是人为的,用这种方法分出来的种、属与自然界中实际存在的种、属应该还是会有很大差异。"女医生提出了一个很重要的问题。

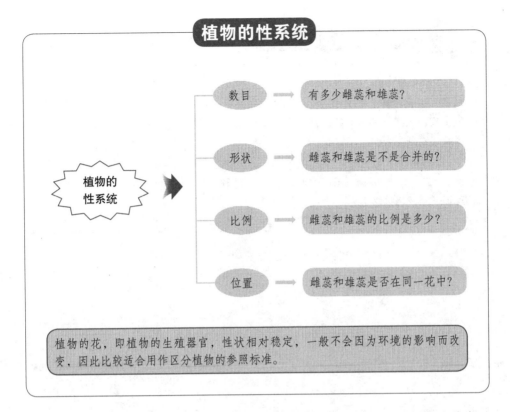

"是的，在我研究的这套植物性系统里的确存在这个弊端，不过人为分类虽然不如自然分类精确，但它也存在自己的优势。比如，利用这套性系统来实现鉴定和信息储存与检索的实际目的非常有用。任何植物，只要知道花和果实结构的少数特征，就能够在此得到鉴定，这正是这种逻辑分类方法最大的优点。"说完上面这段话后，下课时间已经到了。

"同学们，关于植物学的分类咱们今天就先讲到这里。能与你们共度这个下午，我非常开心，希望下次还有机会再见。"言毕，林奈老师挥着手，恋恋不舍地离开了教室。张秋目送着那渐渐远去的背影。她已经想好了，今晚回去就要将林奈老师讲的内容实践一番，她要把春游采集回来的植物一一进行命名和分类，这一定是一件非常有意思的事情。

林奈老师推荐的参考书

《**自然系统**》 卡尔·冯·林奈著。这是林奈人为分类体系的代表作。在此之前，植物界一直没有一个统一的分类标准，而林奈在这本书中首次提出了双名法，结束了植物王国长期以来的混乱局面，为植物学的发展起到了极大的促进作用，是了解植物分类学的必读书目。

《**植物种志**》 卡尔·冯·林奈著。这是林奈历时七年的心血结晶，在这部著作中，林奈进一步详细阐述了他的双名法，并利用该命名法为7300多种植物命名，可谓一部"植物学宝典"。

第十二堂课

拉马克老师主讲"用进废退"

动物经常使用的器官会变得愈加发达，而经常不用的器官则会退化。

让-巴蒂斯特·拉马克（Jean-Baptiste Lamarck，1744—1829）

拉马克，法国博物学家，无脊椎动物学的创始人，最早发明"生物学"一词，是生物进化论的倡导者和先驱。拉马克生于法国皮卡第，曾受过法国著名思想家卢梭的指导，跟随他学到了许多科学研究的经验和方法，并培养了对生物学的浓厚兴趣。从此，拉马克花了整整26年的时间，系统地研究了植物学，成了一名优秀的植物学家，并于1778年出版了三卷集的《法国全境植物志》。之后，他又把研究方向转向动物学，首次将动物分为脊椎动物和无脊椎动物两大类，并建立了无脊椎动物学。1809年，他又出版了《动物学哲学》，在这本书中他提出了生物进化的学说，对达尔文的进化论产生了重大影响。

从前在研究生物学时，张秋的主要关注点都在微观世界，可自从上次听完林奈老师的植物分类课后，张秋留意到大千世界的精彩，因此这一段时间，只要一有空，就会去外面观察动植物，采集标本，或者去图书馆阅读相关著作。

如果所有物种都是一早被创造好的，那么为何我们还会在自然界中不断发现新的物种呢？张秋试图在林奈老师的书中寻找答案，可她却发现，关于物种起源和变异的问题，林奈老师自己也是模糊不清的，他也没法解释清楚，为什么在他那万紫千红的花园中，会突然自发地产生一些"不寻常"的植物。

为了寻求答案，张秋又尝试阅读其他生物学家的著作，结果她发现，关于生命起源的问题，每位生物学家给出的观点都不尽相同。张秋在"众家之言"中苦苦挣扎，始终没有理出头绪。她得到通知，今天下午"神秘生物课堂"在老地方开课，她希望这次请来的主讲老师能够给她一点儿帮助。

关于"生命起源和演化"问题的发展

刘成老师评注

拉马克是一位卓有成就的科学家，但是直到生命结束，他仍然十分谦虚。同时，他一直过着贫困而孤独的生活，老年时，双目失明，死于巴黎。死后被埋葬在一个贫民的墓地中，遗骨被扔进水沟，与那些无名的不幸者混在一起。

"同学们，下午好，我就是那位被你们奉为'古怪科学家'典型的让－巴蒂斯特·拉马克。我一直以为自己在后世的评价不高，真没想到今天竟然能够站在这里给你们讲课，希望你们能用心听我讲下去。"说着，拉马克老师挽起衣袖，清了清喉咙，直奔正题。

"对我的生平有一定了解的同学应该知道，我并不是一个传统意义上的生物学家，我没接受过正统的教育，一切研究都是从兴趣出发，随心所欲。我也没有特别固定的研究方向，对物理学、化学、气象学以及地质学等学科也有所涉猎。这让后世的研究者很头疼，因为他们经常搞不清楚我的思路。可是其实我并没有那么复杂，问题在于他们对我的定位出现了错误。研究者们一直把我当作一位科学家分析，可是我自己却一直把自己当作一名哲学家，我将我的所有研究称为'大地物理学'，这是一个雄伟的计划，而生物学只是其中的一部分。当然，是最重要的一部分。

"今天咱们要讨论的主题是生命的起源和演化。这并不是一个新鲜的话题，早在远古时期的神话中就流传着人们对生命起源的猜想。还不懂科学的人们把神灵当作万物的创造者，用自己编造的美好故事来解释他们眼前的这个世界。可是随着人类智慧的发展，他们渐渐发现，许多原先被归于神灵活动的现象都能够'自然地'得到解释，于是他们开始试着提出关于物质、地球和生命的起源问题。

"最先去掉神话色彩并从科学角度解答这一问题的并不是科学家，而是古希腊的一些哲学家。他们首次尝试从自然的角度去解释生命的发生，比如人是在像鱼那样的生物体内形成的，并按照胚胎的形式留存在其中一直到成熟。这样的观点在现在听来虽然稍显幼稚，可是却是人类迈出的一大步了。

"接下来到了宗教统治的时代，《圣经》中关于万物起源的思想延续了整个漫长的中世纪，上帝创造世界的说法在人们脑中根深蒂固。直到14世纪文艺复兴，人们沉睡多年的想象力开始复苏，发展到18世纪，一场科学革命终于爆发。哥白尼、开普勒、伽利略、牛顿的精密实验和数学模型开启了人们的新思路，而正是在这种大环境的影响之下，人们对于生命起源的问题也产生了全新的看法。"

🌀 进化论的先驱者

"18世纪，德国哲学家康德在他的著作《自然通史和天体论》中提出了星系演化观，认为星系的演化是一个缓慢的过程，星系的形成源于星系内及星系间的吸引与排斥。此外，一些地质学家也提出了地球演变的观点，法国学者德·马耶在他的著作《泰利姆》一书中，曾广泛论述有关宇宙、海洋、陆地以及生物的演化问题，他大胆的想象带给世人很多启发，人们脑中那种根深蒂固的、认为自然界静止不动的观点开始动摇。

"法国著名的思想家莫泊丢提出了一种关于宇宙的进化思想，他认为世界是演变的，而不是静止的，按照这个思路推理下去，在研究生命起源问题时，他提出了两种观点，一种是生物体的'自然发生论'，另一种是'突变成种学说'。"

"您说的'自然发生论'我们之前学过，就是说生物可以从它们所在的物质元素中自然发生，并不需要上代。不知道莫泊丢是不是这个意思？"张秋突然发言。

"嗯，大概是一个意思，莫泊丢将万物的起源归因于偶然事件，认为我们生命体本身就携带着'生命的胚芽'，而这些胚芽会在一定条件下自然发展为新的生命。"

"我觉得莫泊丢的'自然发生论'与他进化的宇宙观完全是相悖的，按照他的这种说法，生命是'一蹴而就'的，并不需要进化。"张秋接着说道。

"没错，在这一点上莫泊丢的确有点儿'搬起石头砸自己的脚'。不过还好，他并没有止步于此，在解释新物种的来源时，他还提出了另一个比较先进的观点，就是'突变成种学说'。他认为新的变种是偶然形成的，在形成的过程中很可能受到天气、食物等因素的影响。例如，赤道地区的人种偏黑，是因为赤道地区的高热对形成黑皮肤的'粒子'比对形成白皮肤的'粒子'更有利。"

"莫泊丢的这一观点倒是和达尔文后来的'物竞天择'的观点有点儿相似。"张秋打趣道。

 刘成老师评注

布丰出生在法国一个富裕的贵族家庭，从小受到良好的教育，一生生活富裕。据说他仪表端庄、华贵，即使在勤奋工作的时候，也从不忘记留出充足的时间梳妆打扮。

"是的，尽管莫泊丢关于物种起源的看法还很不成熟，但比起前人，他已经向前迈进了一大步。受到莫泊丢的影响，另一个人也提出了自己关于生命起源的独特看法，他就是著名的法国博物学家**布丰**。"

"我知道布丰，据说他不仅是一位享有盛名的博物学家，还是一位优秀的作家，他的文笔典雅、富丽，曾影响了西方几代人的作品。"

进化论的先驱者

哲学家康德	提出了星系演化观,认为星系的演化是一个逐渐缓慢的过程
自然历史学家德·马耶	论述有关宇宙、海洋、陆地以及生物的演化问题,让人们关于"自然界静止不动"的观点开始动摇
思想家莫泊丢	提出关于宇宙的进化思想,认为世界是演变的,而不是静止的
博物学家布丰	提出了"生物是变化的"这一观点,认为生物是"退化式"演变的

"看来你对布丰的事知道得还不少。他的确是一位伟大的学者,他的许多先进理论对我也产生了不少影响。在物种起源问题的研究上,他虽然没有系统地提出自己的进化论思想,但是在他的著作中,已经触及了进化论的方方面面。

"首先,布丰提出了'生物是变化的'这一观点,不过他认为生物的变化是退化式的。其次,他强调大多数变异不是遗传的,而是由环境引起的。此外,他还试图把人当作自然的一部分,认为可以通过自然科学的方法对人进行研究。"

"布丰竟然认为生物的变化是退化式的?这一点我有点儿无法理解。"心直口快的莉莉插了一句。

"这个不难理解。布丰认为首先产生的生物是完美的,然后在发展的过程中退化成比较完美的生物,接着再退化成不完美的生物。"拉马克老师还没来得及开口,张秋已经抢先回答了莉莉的问题。

"这位同学解释得不错,布丰的'退化式'理论的确是这个意思,不过我们站在现在的高度回看则可以发现,布丰的观点虽然有很大的进步意义,但其中还是有很多漏洞和错误的。于是,为了进一步探寻物种起源的真相,我又在布丰铺开的这条路上走得更远了一些。"

🦠 拉马克的"进化新模式"

"布丰认为生物是'退化式'演变的，在这个问题上，我和他的观点正好相反，我认为生物在演化的过程中是逐渐由不完美趋向完美的。也就是说，自然界首先产生的是简单的、不完美的动物，然后是比较复杂、比较完美的动物，接下来是更为复杂、更为完美的动物，直至产生人。"

"您的意思就是说，人是由较为低等的动物逐渐进化而来的，是吧？"莉莉插嘴道。

"没错，我认为生物都有一种谋求完善的天赋，**它们总是朝着能够增加结构复杂性的方向进化。**自然发生产生了最低级的生命——蠕虫和纤毛虫。这些生物生来就有一种内在的向更高级生物进化的趋势，因此，它们沿着一级一级的形态旋梯上升，最后变成了人。"

刘成老师评注

拉马克本来并不是一个进化论者，他的思想是在研究无脊椎动物、脊椎动物和动物化石中逐渐转变的。

"毛毛虫会变成人？您的这个说法未免太荒谬了吧？"文森说。

"拉马克老师说的只是一种生物由低级向高级的进化趋势，并不是说人真的是由毛毛虫变成的。"张秋很严肃地反驳了文森。

"这位女同学说得没错，从毛毛虫一步一步进化成人，这不过是我构想出来的一个理想'进化阶梯'，当外界的环境静止稳定时，它们可以根据自己内在的'天资'逐步进化。可是，如果外界的环境发生了变化，那么它们就没法单纯地遵循这一'法则'进化了，因为生物本身都具有对环境中特殊的条件变化起反应的能力，而这种能力，会对它们的进化造成很大影响。

"在我的那个时代，出现过动物大规模死亡的现象，人们开始纷纷猜测动物灭绝的原因。很多人仍然相信《圣经》中关于上帝控制大洪水的发生以使动物灭绝的说法，这自然是荒诞的，从科学的角度分析，我认为造成动物灭绝的真正原因是，某些动物不能与其生存的环境保持和谐。"

"就是'适者生存，不适应者被淘汰'呗。"文森说。

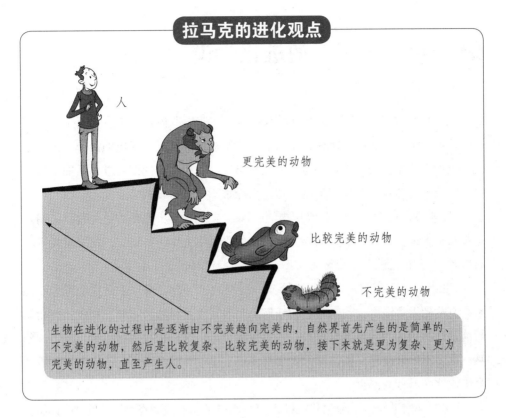

拉马克的进化观点

人

更完美的动物

比较完美的动物

不完美的动物

生物在进化的过程中是逐渐由不完美趋向完美的，自然界首先产生的是简单的、不完美的动物，然后是比较复杂、比较完美的动物，接下来就是更为复杂、更为完美的动物，直至产生人。

"那是达尔文的观点，不过我的意思也和他差不多。我认为动物只有不断地调节自身以适应变化的环境才能生存下去。也就是说，环境的变化可以使动物产生定向的变异。

"这么说你们可能还是不太好理解，下面让我来举个例子。比如，长颈鹿的出现是因为非洲平原上的低矮草本植物枯死了，乔木却存活了下来。于是，为了生存，为了适应环境的这种变化，原先短颈的鹿发生了向长颈方向的变异，逐渐演化成长颈鹿。"

"可是恕我直言，后世已经证明，您的这种观点并不正确。"文森的发言仍显得有些冒昧。

"我很欣赏这位同学的坦诚，他说得没错，我的许多观点已经被后人推翻了，不过在当时，这个理论已经算是'进步观点'了。好了，先别打断我，接下来我要给你们重点讲一下我的'用进废退'理论。"拉马克老师看了看表，显然时间已经不多了，于是他又赶紧讲了下去。

❀ "用进废退"的进化学说

"上面我们说到,生物进化的原因有两个。一是生物具有获得更复杂、更完美性状的天资;二是生物具有对环境中特殊的条件变化产生反应的能力。也就是说,生物会根据自身需要对环境的变化作出反应,产生不同的习性,从而导致动物经常使用的器官会变得越来越发达,而经常不用的器官则会退化。"

"比如说,食肉动物在获取食物的时候经常要用到牙齿和爪子,所以它们几乎都长有犬齿和利爪。洞穴动物由于长期处于黑暗之中,所以它们的眼睛几乎没有视觉。"张秋尝试着举出两个实例。

"没错,这两个例子举得非常恰当,我说的'用进废退'正是这个意思。凡是没有达到发育限度的动物,它的任何一个器官使用得越为频繁,则该器官功能越能逐渐得到加强、发展并增大,并能发挥与运用时间相符合的力量。反之,若某一器官不经常使用,则该器官就会削弱或衰退,并逐渐缩小它的能力,最后必会引起这一器官的消灭。"

"您的'用进废退'理论我已经大概听明白了,不过现在我有一个新的疑问,就是生物体为了适应环境而发生的这些变化是在本代就终止了,还是能够一直遗传下去呢?"张秋问道。

刘成老师评注

用进退废和获得性遗传的观点并非拉马克首创,早在古希腊–罗马时期就有一些哲学家提出过,后来法国哲学家狄德罗在文学名著《达兰贝的梦》中做了阐述,他说:"器官产生了需要,相反,需要又产生了器官。"

"这个同学提出的问题正涉及我另一个重要的理论——获得性遗传。我认为环境引起的动物器官变异是可以遗传下去的。在自然环境的影响下,也就是在某一器官更多使用的影响下或者某一部分经常不使用的影响下,使个体获得或失去一切,只要所获得的变异是两性所共有的,或者是产生新个体的两性亲体所共有的,那么这一切变异就能通过繁殖而保持在新生个体上。"

"您这段话说得实在是太学术了,我已

经有点儿晕了。总而言之，您的意思就是说，动物为了适应环境变化，在后天获得的特性，是可以遗传给下一代的，是吧？"说话的是文森。

"是的，也就是说，两只长颈鹿生出来的还会是长颈鹿，而不会生出短颈的鹿。"拉马克回答道。

"好了，以上就是我关于'生物进化论'的全部观点，其中虽然有很多错误理论，但是也不乏一些先进思想。比如，我以一种'动态的世界图景'取代了当时盛行的'静态的世界图景'，摆脱了'上帝造物'和'突变论'的思想，让人

"用进废退"的进化学说

生物进化的原因

生物具有获得更复杂、更完美性状的天资。

生物具有对环境中特殊的条件变化产生反应的能力。

生物会根据自身需要对环境的变化作出反应，产生不同的习性，从而导致动物经常使用的器官会变得愈加发达，而不经常用的器官则会退化。

们知道，原来一个新的物种并不是突然产生的，而是经过了长期缓慢的进化过程，而在这个漫长的过程中，环境的变化起到了十分重要的作用。"

拉马克老师刚刚做完最后一番总结，下课的铃声响了。于是这位个子不高，精神饱满的伟大生物学家在匆忙中与众人告别。上完这堂课，最高兴的人就是张秋，因为让她困扰已久的"生命起源"问题终于有了答案。虽然现在她的脑海中仍然闪烁着很多疑问，可是听说接下来居维叶老师和达尔文老师会来到"神秘生物课堂"授课，她的疑惑会一一得到解答，她就完全不再发愁了。

拉马克老师推荐的参考书

《无脊椎动物的系统》 让－巴蒂斯特·拉马克著。在本书中拉马克首次将动物分为脊椎动物和无脊椎动物两大类，并把无脊椎动物分为十个纲，是无脊椎动物学的"开山之作"。

《动物学哲学》 让－巴蒂斯特·拉马克著。在这本书里拉马克系统地阐述了他的进化学说，提出了"用进废退"和"获得性遗传"两大原则，并认为这既是生物产生变异的原因，又是适应环境的过程，对后来达尔文的《物种起源》影响重大。

第十三堂课

居维叶老师主讲"生物灾变论"

生物在进化过程中并不是逐渐、缓慢进化的，而是突然发生改变的。

乔治·居维叶（Georges Cuvier，1769—1832）

　　居维叶是法国动物学家、比较解剖学和古生物学的奠基人。居维叶生于法国蒙贝利亚尔，自幼被认为是神童，4岁就能读书，14岁考入位于德国斯图加特的卡罗林学院学习比较解剖学。大学毕业后，居维叶在法国诺曼底担任家庭教师。他利用近海条件，精心观察并解剖了大量海生动物，写出有关海生无脊椎动物的研究论文，引起了当时学术界的重视。此后，他以政治家的身份担任过众多职位，但并没有因此放弃科学研究。他发表了《动物学初阶》《比较解剖学讲义》《四足动物骨化石研究》《动物界》等一系列学术著作，对比较解剖学、古生物学、动物分类学等学科都做出了巨大贡献。居维叶一生著作繁多，收集材料广泛，他的学术研究影响遍及整个西方世界，被当时的人们誉为"第二个亚里士多德"。

张秋最近反复看《侏罗纪公园》这部电影。张秋说，这部影片的题材与她最近研究的课题有关，难怪她会主动想去看。

可是，张秋最近不是在研究进化论吗？怎么会和1.95亿年前侏罗纪时代的恐龙故事扯上关系？难道她又转移目标，去研究古生物学了？

🌑 生物灾变论

"听说上节课给你们讲课的是拉马克，不用说，你们一定被他的那套'用进退废'的进化论洗过脑了。不过没关系，虽然他抢先一步，但我有信心能够让你们在听完我的课后，放弃之前的观点，转投到'灾变论'的阵营。"一位外国金发男子突然闯进教室，一上来就站在讲台上滔滔不绝，都忘了自己还没做自我介绍。

刘成老师评注

居维叶在年轻的时候曾受过拉马克的资助，但是因为他们在生物学上的观点不同，所以后来两人发生了激烈论战，在论战中居维叶以出色的才辩和清晰的思路赢得了绝大多数人的赞同。

"哦，抱歉，说了这么多，我好像还没介绍自己是谁。**我就是拉马克的'死对头'居维叶**，一位进化论的顽固反对者。不管你们后世对'进化论'持怎样的观点，总之我对自己的学说一直坚定不移。而我今天来的目的也很明确，就是要打破你们对'进化论'的迷信，让你们沿着我的研究思路，重新思考关于生命起源的问题。

"大家可能很好奇，为什么我对进化论会如此反对，其实这里面有多方面的原因，不过，这其中最核心的分歧点就是，我对拉马克等人所提出的物种是连续、渐变的观点无法苟同。"

"拉马克老师告诉我们，物种的进化是缓慢的、渐进的。它们随着环境的改变不断产生新的性状，然后再通过一代又一代的遗传，形成新的物种。我觉得这种说法很有道理啊，难道您觉得这是错误的？"张秋一脸费解，迫切地等待着答案。

"是的，因为据我在化石方面的研究发现，生物在进化的过程中大多是突然发生'灾变'的。之所以会提出这个观点，我是有一定根据的。我在研究地层的时候发现，地层中有许多断层，在这些断层中，动物的分布并不是连续的。**所以我猜想，在漫长的地质时代，由于一些自然事件，如地震、火山爆发、洪水的影响，曾引发过生物突然灭绝的现象。而且从现存的化石记录来看，这些灾变并不是缓慢而循序渐进的，而是突发的，而且每次灾变都会使发生灾变地区的所有动物区系遭到完全毁灭。**"

"我记得《圣经》里有洪水导致物种灭绝的说法，您这里提出的'灾变说'是不是在一定程度受到了这种神学思想的影响呢？"女医生大胆提出质疑。

"这个问题我一定要澄清一下。我向来把科学和宗教分得很清，我所提出的'生物灾变说'没有任何神学色彩，而是有根有据的。比如我发现，连续的动物区系可能先是海洋区系，后是陆地区系，然后又是海洋，再是陆地。显然，海洋并不是暂时性发生洪水，而是反复入侵的。而且海洋的这种反复进退并不是缓慢的、逐渐的，大多数是灾难性的、突然发生的，因此我使用了'灾变'这个词来形容这一现象。"

居维叶老师说完上述这段话后，发现台下鸦雀无声，很显然，大家没有完全理清思路。于是，为了更好地解释自己观点，居维叶老师又举了一个例子。

"人们曾在西伯利亚的冰天雪地里发现过冻僵的猛犸象，这一发现就是地层发生

刘成老师评注

居维叶注意到，在不同地层中的生物化石呈现出明显的不同：地质年代越古老，化石越简单；地质年代越年轻，化石越复杂，越接近现存生物。这一事实本来可以使他走向进化论，成为生物进化论的创始人之一，但是，受当时地质"灾变说"和法国资产阶级革命的影响，居维叶用了"灾变"和"革命"这样的术语来解释地层中动物化石发生的变化。

刘成老师评注

1796年，居维叶得到了一块猛犸象的化石，将其骨骼结构复制后，认定它是一种长毛象，与印度象之间有亲缘关系，而且这种亲缘关系比印度象与非洲象之间的关系更为密切。

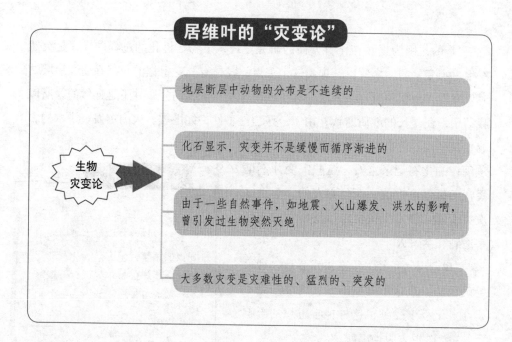

居维叶的"灾变论"

生物
灾变论

地层断层中动物的分布是不连续的

化石显示，灾变并不是缓慢而循序渐进的

由于一些自然事件，如地震、火山爆发、洪水的影响，曾引发过生物突然灭绝

大多数灾变是灾难性的、猛烈的、突发的

突然而激烈变化的证据。不仅这些动物化石证明了变异的骤变性，人们发现在以往的灾变中，地层往往会断裂成碎片，或者整个颠倒过来，这也说明，这些灾变的突然性和猛烈性。"

"好吧，您的灾变论我已经差不多听懂了。也就是说，您认为在整个地质发展的过程中，地球经常发生各种突如其来的灾害性变化，且绝大多数变化是突然、迅速和灾难性地发生的。例如，海洋干涸成陆地，陆地又隆起形成山脉，反过来陆地也可以下沉为海洋，还有火山爆发、洪水泛滥、气候急剧变化等。当洪水泛滥之时，大地的景象发生了变化，许多生物遭到灭顶之灾。而每发生一次巨大的灾害性变化，就会使几乎所有的生物灭绝。这些灭绝的生物沉积在相应的地层，并变成化石而被保存下来。这时，造物主又重新创造出新的物种，使地球又重新恢复了生机。"女医生凭借自己脑袋里的丰富"存货"，用非常严谨的语言全面地总结了居维叶老师的观点。

莱尔和均变论

"这位同学总结得非常到位，看来现在你们已经完全了解了我的灾变论。我不知道你们听了之后会作何感想，我不能强迫你们接受我的观点，为了公平起见，接下来我将为你们介绍一下在生物学上与灾变论对峙的均变论，希望你们听过之后能自己进行取舍。

"相比起我的灾变论，均变论的内容要更复杂一些，因为在他们的学派里存在着分歧。拉马克是一位均变论者，而接下来我要介绍的这位**莱尔**也支持均变论，尽管如此，他们两位的观点仍然有很多不同。因为你们已经听过了拉马克的课，所以相信你们对他的均变论观点有一定了解。我在这里重点为你们介绍一下莱尔的均变论理论吧。

"莱尔的均变论理论包括六点，即自然主义、现实主义、地质构成原因的力量强度、结构原因、渐进主义，以及定向主义。"

"居维叶老师，您说的这些名词怎么

刘成老师评注

查尔斯·莱尔，19世纪英国著名的地质学家、英国皇家学会会员、地质学渐进论和"讲今论古"的现实主义方法的奠基人。在地质学发展史上，曾做出过卓越的贡献。

这么奇怪，我感觉很陌生，完全不像是生物学上的'术语'。"听得云里雾里的文森有点儿着急了。

"这位同学你先别急，均变论和灾变论这两个理论是地质学中的学说，不过它们却在生物进化的研究中产生了很大影响，所以我们现在有必要来了解一下。这些陌生概念你们听起来可能会有点儿吃力，所以我会尽量讲得浅显易懂，让你们更容易明白。"在平心静气地安慰过文森一番后，居维叶老师又慢条斯理地继续讲了下去。

"首先，莱尔是个'不太完全的自然主义者'，他认为地质的形成过程总体上是自然现象，但是也容许上帝的偶然干预。把这一原则应用到物种的起源上，可以看出莱尔是不反对特创论的。

"第二点，现实主义。这一原则声称因为世界的内部特征永远保持相同，所以同一种原因在全部地质时期中都起作用。按照莱尔自己的解释就是，用现在起作用的原因解释以往发生在地球表面的变化都是合理的。"

"那么，如果用现实主义来解释生物学就意味着现在影响生物进化的原因同样也是影响整个生物进化史的原因。"聪明的张秋很快学会了举一反三。

"不错，这位同学悟性很高，正是这个意思。看来你们已经渐渐进入状态了，那么接下来我要加快一点儿进度了。第三点'地质构成原因的力量强度'和第四点'结构原因'与生物学关系不大，我们在这里跳过不讲，下面直接看第五点'渐进主义'。这一点也很好理解，讲的是地球变化速度的问题。莱尔认为，物种的变化是渐进的，而不是我之前说的突然的'灾变'。"

"可是，对于地震、火山喷发、洪水等现象怎么解释呢？所以说这一点很明显有局限性。"这一次发言的是莉莉。

"鉴于我是均变论反对者的主要代表，所以我就不发表评论了。接下来再讲

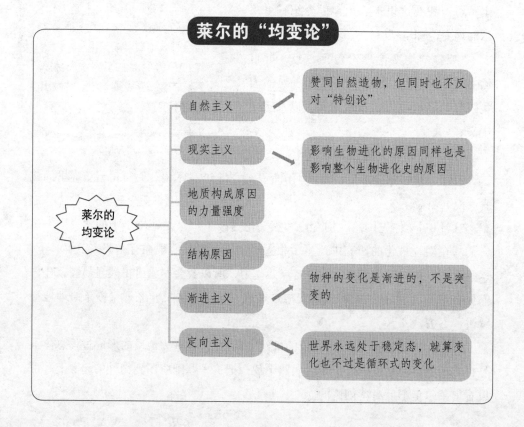

最后一点——定向主义，这是均变论和灾变论的主要矛盾所在。均变论支持者认为，世界永远处于稳定态，就算变化，最多也不过是循环式的变化；而灾变论支持者则认为，世界在历史上是变化着的，而且或多或少是遵循一定方向的。"

"很明显，这一条与达尔文的生物进化观点是相矛盾的。我之前还一直以为均变论对进化学说起到了促进作用，现在看来，这其实是一个思维误区。"莉莉说道。

"没错，均变论和进化论完全是两回事，均变论支持者不一定是进化论支持者，而灾变论支持者也不一定反对进化论，你们千万不要误解。"

✿ 器官相关法则

"好了，以上就是关于莱尔的均变论理论的讲解，他的学说虽然主要是针对地质领域提出的，但是对生物学也产生了很大的影响，所以你们回去可以对照拉马克的均变论理论以及我刚才讲的灾变论理论再好好消化一下。"居维叶老师一边说着，一边做了一个无奈的表情，看来本堂课剩下的时间已经不多了。

"时间有限，咱们这堂课就快接近尾声了。那么在剩余的宝贵时间里，我想系统地为大家解释一下我的生物学观点。

"按照刚才讲解均变论的思路，咱们从'头'说起。首先，我认为每一个物种都是根据上帝的旨意创造的，从一开始就为它在自然界中指定了特定的、不能逾越的位置。例如鱼类被指定给水域环境，爬行类动物被指定给陆地环境，这些都是造物主制定好的规矩，除非它们的现存秩序遭到破坏，否则它们将一直居留在原来的位置。

"正因为如此，我认为每一种生物都是能够完全适应造物主为它安排好的位置的，因为它生来就待在那里，所以它们本身就具有协调的结构。基于这一想法，我提出了器官相关法则，也就是说，这些动物的身体是一个统一的整体，身体的各部分结构都有相应的联系。

"听到这里你们可能有点儿迷糊，我可以举两个例子来解释。如牛羊等反刍动物既有磨碎粗糙植物纤维的牙齿，又有相应的嚼肌、上下颌骨和关节、相应的消化道，以及相应的适于抵御和逃避敌害的角和肢体构造；虎、狼等肉食动物则具有与捕捉猎物相应的各种运动、消化方面的构造和机能等。"

"您的意思是不是说，在生物体身上，结构与功能是需要特定结合的，比如说，食草动物永远都有蹄子，而食肉动物绝不可能有角。"张秋尝试着说出自己的理解。

"这位女同学说得很好，我的这条原则就是要告诉大家，那些认为习性的改变能够影响躯体的很多部分同时发生改变，却能保持一切器官的复杂又协调的相互关系的观点绝对是无稽之谈。在我看来，结构的重要性远远高于功能，只有结构改变了，功能才有可能发生变化。"

"如果按照您的说法，拉马克老师'用进退废'学说完全就被推翻了，因为他认为环境起到决定作用，而习性的改变可以影响生物体器官功能的改变。"张秋说。

"现在你们该知道，为什么我一开始就说，我和拉马克是死对头了吧，在物种起源这个问题上，我们俩实在没有太多共同之处。不过孰对孰错，这就要交给你们后人来检验了。我听说你们下节课将听到达尔文老师讲的进化论，相信你们在他那里还会获得更多不一样的观点。

"好了，还剩下五分钟，你们还可以提出最后一个问题。"居维叶老师面带笑容，安静地等待着同学们的提问。

"居维叶老师，既然您反对拉马克老师的'用进退废'学说，那么您又怎么解释自然界中的变异现象呢？"张秋率先抢到了这次宝贵的提问机会。

"对于自然界变异现象，主要表现为生物对诸如温度、营养物供应等环境因素的暂时性反应，这样的变异并不影响基本形状。换句话说，这些变异是非遗传性的，并不影响物种的本质。至于另一些重要器官，如神经系统、心、肺等，我认为它们是完全保持稳定不变的，因为任何一个主要器官的变异都会导致严重后果。"

"可是很明显，您说的这种动物重要器官不会发生变异的说法是不符合实际情况的，因为自然界中发生翻天覆地变化的物种随处可见。"张秋提出反驳。

"如果还有时间，我想我可能会就这个问题与你详细讨论一番，不过现在下课时间已经到了，所以我们只能带着遗憾说告别了。至于这个问题的答案，我不

器官相关法则

鱼类被指定给水与环境。

每一个物种在自然界中都有指定的位置，不可逾越。

爬行类动物被指定给陆地。

动物生来待在固定的位置，因此本身具有协调结构。

牛羊等反刍动物既有磨碎粗糙植物纤维的牙齿，又有相应的嚼肌、上下颌骨和关节。

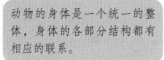

动物的身体是一个统一的整体，身体的各部分结构都有相应的联系。

虎、狼等肉食动物具有与捕捉猎物相应的各种运动、消化方面的构造和机能。

保证我是对的，但是我肯定也不会因为你的一句质疑就自我推翻。希望你们能沿着这条路继续探索下去，期待你们这些后起之秀能为生物学带来更多新鲜的思想。"

话音刚落，居维叶老师便匆匆离开教室。看来在生物变异这个问题上，居维叶老师自己还不能自圆其说。张秋叹了口气，这节课让她听得有点儿郁闷，因为她本人是拉马克老师的支持者，所以居维叶老师的很多观点她都不能赞同。不过，还好，下节课能够与达尔文老师见面，这可是研究生物进化史的重磅级人物，相信他的出场，一定能给众人带来无限惊喜。

居维叶老师推荐的参考书

《比较解剖学讲义》 乔治·居维叶著。在本书中，居维叶首次试图确立人和动物躯体结构的一定规律，把人类明确地归入脊柱动物一类，并讲清了人类与其他类别的根本区别，是一部具有划时代意义的著作。

第十四堂课

达尔文老师主讲"自然选择"

在一个群体的个体当中存在着激烈的生存斗争，结果，每一世代的子代中只有一部分存活下来。

查尔斯·罗伯特·达尔文（Charles Robert Darwin，1809—1882）

　　达尔文是英国伟大的生物学家、博物学家，生物进化论的奠基人。达尔文出生于英国什罗普郡什鲁斯伯里镇的芒特庄园，曾先后在爱丁堡大学和剑桥大学研读医学和神学。后来他参与了贝格尔号的五年航行，在航行的过程中，对动植物和地质进行了大量的观察和采集，经过综合探讨，形成了生物进化的概念。1859年，达尔文出版了震惊学术界的《物种起源》，书中用大量资料证明了所有的生物都不是上帝创造的，而是在遗传、变异、生存斗争和自然选择中，由简单到复杂，由低等到高等，不断发展变化的。他提出了生物进化论学说，从而摧毁了唯心的"神造论"和"物种不变论"。达尔文的"进化论"思想影响重大，被恩格斯称为19世纪自然科学的三大发现之一。

"今天是星期二，下午有'神秘生物课堂'，本堂课的主讲老师是达尔文。他是生物学上的一位'巨头'，他的进化论揭开了人类思想发展史上全新的一页，他的伟大著作《物种起源》就像一颗重磅炸弹，轰开了阻碍人们前进的愚昧挡板，把新世界的曙光展现人前。为了迎接今天这堂千载难逢的生物课，我提前一个星期就着手做起了准备工作。以下是我对达尔文老师生平经历、思想形成所列出的详细调查报告，在开课之前，让咱们也先来预习一下吧。"张秋显得很激动。

"啊，真不用。达尔文以及他的事迹，我们都和你一样，早就做足了功课。你以为就你一个人对他期待呀？哈哈。时间差不多了。你慢慢总结报告吧。我们要出发去'神秘生物课堂'领略达尔的风采啦！"

"等等我……"

🌑 进化论思想的形成

"同学们，你们好，我是英国生物学家查尔斯·罗伯特·达尔文，非常高兴能够与你们相聚于此，希望能与大家共度一段美好时光。"一位白发苍苍的老者蹒跚地走上讲台，亲切地与大家打着招呼。

"你们应该知道，我这个人身体孱弱，很少出门。这辈子除了参加过那次难忘的'贝格尔号'环球之旅外，几乎一直隐居乡间，所以这次居然会不远万里来到这里给你们讲课，连我自己都觉得不可思议。"从达尔文老师的话中，同学们能感受到他的喜悦之情，看来对于这次"中国之旅"他是非常兴奋的。

"或许您可以顺便在中国做一下研究考察，我们国家的物种也是非常丰富的。说不定这次回去，您可以再出版一本《论中国物种起源》。"见达尔文老师如此和蔼，调皮的文森忍不住开起了玩笑。

"哈哈……这倒是个不错的主意。不过开始'新作'之前，我还是为已经写好的那本《物种起源》打打广告吧，不知道你们对这本书了解多少。"

"我知道《物种起源》是您论述生物进化的重要著作，在书中您首次提出了进化论的观点。"事先做好充分准备工作的张秋赶紧抢先发言。

"嗯，不错，看来你们对我的书还有一定了解，那么我也不用再拐弯抹角了，咱们就从这本书开始进入正题吧。"说着，达尔文老师换上了一脸严肃认真的表情，正式开始了今天的课程。

《物种起源》这本书是在 1859 年出版的，事实上这本书只是我所计划写的一部伟大巨著的'摘要'。尽管材料还没准备十分完备，但在这本书中我已经充分阐述了关于生物进化论的主要观点。

"在这本书中，我主要论述了五个方面的内容，分别是，新物种的起源、共同由来、逐渐进化、自然选择，以及进化论中最基本的观点——生命世界不是

刘成老师评注

对达尔文来说，这次航行是一次非同寻常的经历，可以说起到了改变他一生命运的作用。他在《物种起源》中第一句话就提到了这次伟大航行，他说："当我作为一个自然学者随皇家军舰'贝格尔号'航行时，在南美洲看到某些事实，有关于生物的地理分布和古代与现存生物的地质关系，我深深地被这些打动。这些事实似乎对于物种起源提出了一些说明——这个问题曾被我们最伟大的哲学家之一称为神秘而又神秘的。

静态的，而是演变的。这五方面的内容既是相对独立的，又是密切相关的，它们共同组成了我的生物进化理论。"

说完了上述这番话后，达尔文老师发现同学们好像有点儿茫然，于是赶紧解释道："上面我讲的内容你们可能觉得有点儿抽象，不过没关系，这只是让你们在宏观上有一个总体把握，接下来我将逐一详细阐述。"

"首先咱们要探讨的是进化论最基本的问题，那就是生命世界到底是演变的还是静止的。如果我们不承认生命的演变，那么对整个进化论的探讨就变得毫无意义了。"

"我们之前听过拉马克老师的课，他说生命本身都有趋于完美的特性，它们是由不完美向完美逐渐进化的。也就是说，自然界首先产生的是简单的、不完美的动物，然后是比较复杂、比较完美的动物，接下来就是更为复杂、更为完美的动物，直至产生人。"仍然是张秋主动发言。

"哦，你提到了拉马克，这可是一位对我影响很大的生物学家。他说得没错，生物总是由低等向高等演变的，可是这只是生物进化论其中的一个方面，是'垂

直式'的进化论，而我的进化论则属于进化论中的另一面，即'水平式'进化论，强调的是物种在空间范畴的变化。比如，物种的增殖、新物种的引入、物种由简单变得复杂等。"达尔文一边说着，一边在黑板上画出一幅简图，帮助同学们理解。

"也就是说，生物的进化实际上包含两个方面，一方面指的是生物由低到高的演变，另一方面则是指生物的多样性。前者说的是生物随时间发生的变化，而后者强调的是生物在空间中发生的变化。"张秋用自己的理解把达尔文老师的话总结了一遍。

"没错，所以要想证明生命并不是静止的，而是进化的，就要从这两方面入手，即证明生物的演变和多样性。"

"那么您是怎么证明这两点的呢？"

"在证明生物是演变的这个问题上，我列举了地质学的知识。例如，在考察中我发现了以下三个现象。第一，地质地层中越古老的形态与现在的形态差别

《物种起源》论述的五方面内容

新物种的起源

共同由来

物种起源

逐渐进化

自然选择

生命世界是演变的

达尔文与拉马克的不同

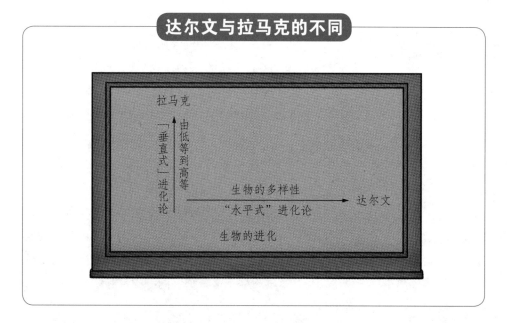

越大；第二，两个连续地层中的化石比两个相隔甚远地层中的化石有更亲近的关系；第三，任何大陆上绝灭生物的形态都与该大陆现存的形态有很密切的关系。这些都说明在整个地质时期，生物并不是静止不变的，而是演变的。

"好了，以上我们已经证明了生物是演变的，那么接下来我们要做的就是研究它们是如何演变的，这也就进入了我们上面说到的第二个问题，生物的多样性问题。关于这一点的研究，我乘'贝格尔号'进行的那次旅行可帮了大忙。正是在那次旅行中，我开始注意到在不同地理位置上物种存在的差异，我发现我所经过的各个岛屿上的鸟类、龟类等都有明显的不同，它们明显并不属于同一物种。"

🌐 新物种的起源和共同由来

"那么，这些种类多样的物种是怎样形成的呢？"张秋继续发问。

刘成老师评注

加拉帕戈斯群岛位于南美洲西岸约965千米的赤道地带，包括约二十个由火山形成的贫瘠小岛。生活在这些贫瘠小岛上的动物虽然与南美洲的动物同一个属，但这里的种却是岛上特有的。

"这就进入了进化论讨论的第二个问题——新物种的起源。正如上面所说，关于这个问题的思考，也是始于那次'贝格尔号'环球考察。当我研究加拉帕戈斯群岛上的生物时，我发现尽管这里的生活条件基本相同，但是变种和隔离却在各个岛上产生了各自特殊的新物种。由此，我开始认识到，地理隔离是物种形成的关键因素。

"这种地理隔离不仅限于海岛上，在大陆上也同样存在，比如说河流、山脉、荒漠等因素都可能对物种造成空间隔离，而物种正是在这种隔离中逐渐发生变化。这样发展下去，那些同一物种群体中相隔较远的个体便获得了特异的种的特征。"

"那么，如果这种阻碍物种交流的地理隔离消除了，这些变异的新物种还能再变回原来的模样吗？"张秋举手发问。

"不能，新物种的变异是不可恢复的，所以即使隔离消除以后，这些不同的个体也不能再相互培育了。"

"好吧，也就是说，在同一种群中，地理分布较远的个体之间比相距较近的个体之间存在着更大的性状上的差别，这种差别在地理隔离、生物遗传变异等因素的影响下，可以使同一物种形成不同的变种。而一旦变种之间形成生殖隔离，就会导致新物种的产生。"张秋若有所思地说。

"嗯，没错，正是这个意思。地理隔离产生变种，变种导致生殖隔离，生殖隔离再诱发新物种产生，这就是新物种的形成过程。这一理论我已经通过观察南美洲加拉帕戈斯群岛上的雀科鸣禽的变异情况得到了证实。"

说到此处，达尔文老师略微顿了顿，然后用严肃的目光扫视了一下在座的各位，看到大家都在聚精会神地听讲便继续讲了下去。

"接下来我要为大家引入一个新的概念，叫'共同由来'。这个概念是我独创的，它可以帮我们解答，为什么在自然界的生物身上既存在着差异又有那么多相似之处。比如，为什么猫和虎长得那么像？你们有没有思考过这个问题？"

"猫和虎长得像是因为它们来自同一科，都属于猫科动物。"文森答道。

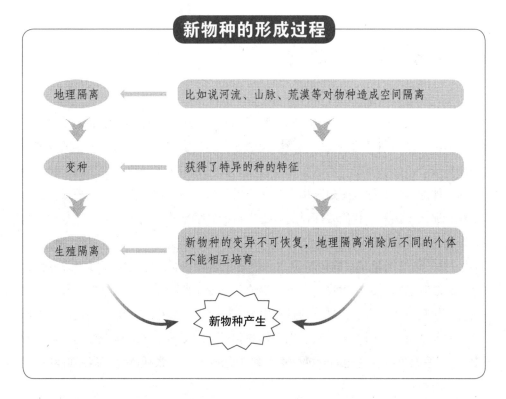

新物种的形成过程

地理隔离 ← 比如说河流、山脉、荒漠等对物种造成空间隔离

变种 ← 获得了特异的种的特征

生殖隔离 ← 新物种的变异不可恢复，地理隔离消除后不同的个体不能相互培育

新物种产生

"没错，这正是我在自然界中的又一重大发现，我发现在同一种属或同一科的成员，它们往往拥有共同的祖先。也就是说，它们是同一祖先产生的后代。所以，它们身上有着某种遗传下来的共性，而又因为隔离造成了变异，所以在这些来自同一祖先的后代身上又产生了明显的不同。"

"按照您说的，同一种属的生物具有相同的祖先，但是这一发现有什么意义呢？"

"当然有意义，我们可以利用'共同由来'的理论解释大量的自然现象。比如，从前我们不知道，为什么同一种属的生物比不同种属的生物更相似？为什么南美温带地区的动物区系与同一大陆热带地区的动物区系关系较近，而与其他大陆温带地区的动物区系的关系较远？为什么不同动物的相应器官具有相似性？如鱼的胸鳍、鸟的翼和狗的前肢等。这些现象都可以用'共同由来'的概念解释。正是因为它们都是从一个亲型传下来的，所以彼此才有如此密切的联系。"

🌑 达尔文的渐进论

"好了，讲到这里，让我们来梳理一下脉络。首先我们通过在自然界中发现的生物由低级向高级的演变，以及因变种导致的生物多样性证明了生命的发展过程并不是静止的，而是不断进化的。其次，我们又研究了导致生物呈现多样性的原因，即地理隔离导致生殖隔离，于是产生新的物种，这是生物'水平式'进化过程。那么，接下来我们要探讨的就是生物的'垂直式'进化，即生物是如何由低级向高级演变的。"

"关于这个问题，在前两节课中，拉马克老师和居维叶老师都曾跟我们探讨过。居维叶老师说，在生物学上有均变论和灾变论两种观点，而他本人则是灾变论者，他坚持认为生物在进化的过程中大多数是突然发生灾变的，还提出了地质学上的证据给予证明。不过拉马克老师却相反，他提出生物的演变过程是逐渐发生的，'毛毛虫沿着进化的阶梯一级一级进化成人'。"张秋阐述了居维叶和拉马克两人的观点。

"关于这个问题，我的观点与拉马克相似，我也是认为生物是逐渐进化的。在这个问题上，虽然地质学家们提出了许多反对意见，但是我在地质学中找到了许多支持进化论的证据。首先，反对者对地球的年代提出质疑，他们觉得生物并没有足够的进化时间。可是我认为，地层沉积得很慢，侵蚀也很慢，这便可以证实地球的年代很久远，大概有几十亿年，因此生物由简单到复杂的逐渐演变便有了足够的时间保证。

"接着，他们又根据化石记录中缺乏中间类型这一现象提出诘难。他们说，如果主要动植物类群经过了缓慢地变化，那么应该可以找到中间的连接类群。可事实上，人们在化石记录中发现的却是差异很大的类群。"

"没错，关于这一点居维叶老师也曾提到过，而这些差异很大的类群化石也正是他用来证明灾变说的重要证据。"张秋插嘴道。

"关于这一点的质疑，我从两个方面给出了解释。一方面，我认为是化石记录还不够完备，另一方面则是因为生物的适应变化。一种生物在对于某种新而特别的生活方式的适应上是需要长久连续的年代的，这就导致了它们的过渡类型常常会在某一区域内滞留很久。但是，当生物一旦适应了环境，少数适应力强的物种就获得了巨大的优势，那么只需较短的时间它们就能够产生许多类型，这些类型会迅速、广泛地散布于全世界。"

🌸 自然选择学说

"按照您的说法，我们暂且认同生物是逐渐进化的观点。可是生物的进化并不是盲目的，它们是有一定趋向的。比如拉马克老师认为，生物本身具有由不完美向完美进化的倾向，再加上自然环境的影响，它们会向着更适应生存环境的方向发生变异，这也正是他说的用进废退理论，即长颈鹿的出现是因为非洲平原上的低矮草木植物枯死了，乔木却存活了下来。于是，为了生存，为了适应环境的这种变化，原先短颈的鹿发生了向长颈方向的变异，逐渐演化成长颈鹿。关于这一观点，您赞同吗？"沉默了一节课的女医生突然抛出一个问题。

"关于拉马克的用进废退理论，居维叶已经给出了反驳，他在上节课中也应该已经跟你们谈到过，他并不赞同动物的习性改变可以导致器官改变的这一说法。当然，在这一点上，我也持保留意见。我并不认为是环境导致了生物的定向变异，相反，我认为是生物先产生了随机的变异，然后环境才对其进行了'整理'。而这种环境的'整理'过程，也就是我所说的自然选择学说。"讲到他进化论中最得意的理论部分，达尔文老师不由自主地流露出了兴奋之情。

"也就是'适者生存'的意思吧。那些更能适应环境的个体变异被保留下来，而那些无法适应环境的有害变异则遭到毁灭。"文森插嘴道。

"这位同学已经说出了自然选择学说的最核心内容。但是为了让你们对这个理论能够有更深入的了解，我在这里要完整地把组成这个学说的五个事实及三个推论给你们讲解清楚。

"事实一，如果所有出生的个体都能成功繁殖，所有物种便都具有巨大的潜在生殖能力，它们的群体数量将呈指数增长。

"事实二，群体除了每年小的变动，偶尔大的变动外，正常情况下都表现出稳定性。

"事实三，自然资源是有限的，在一个稳定的环境中，自然资源保持着相对的稳定。

"根据以上三个事实可以得出推论一，即既然产生出的个体数量超过可用资源能够持续的数量，而群体大小却保持稳定，那么这就意味着在一个群体的个体当中肯定存在着激烈的生存斗争，结果，每一世代的子代中只有一部分——通常是很小的一部分存活下来。

"以上观点你们可能觉得有点儿不好理解，那么我可以用人类的生存竞争来为你们解释。在人类生存的空间里，资源有限。可是对食物和性的需求又是人类的基本需求。所以，当人类的生殖能力超过食物的供应能力时，就会导致激烈的竞争，因此人类就会爆发疾病、战争等，从而消灭那些过剩者，这样人类的生存便又能恢复平衡状态。从人类发展的历史中你们也应该看到，上面所说的状况都是真实的，而如果把这种真实状况应用在生物界，则正符合我上面所讲述的'优胜劣汰'的**自然选择**机制。"

刘成老师评注

达尔文的"自然选择学说"受到了马尔萨斯《人口论》的很大影响。当时达尔文只是为了消遣才随意翻开这本书的，但他立刻被马尔萨斯认为的生物间的斗争既可以导致消极后果又可以产生积极作用的思想吸引住了，而正是这一观点启发了他的"自然选择学说"。

"您的自然选择学说我已经基本听懂了，可是在自然选择中，起决定作用的到底是外界环境，还是生物本身呢？关于这个问题我还是有点儿想不通。"张秋有点儿着急地发问。

"这位同学先不用着急，听我讲完下面的内容，你的问题自然就能解答了。"说着，达尔文老师又在黑板上写下了自然选择学说中的另外两个事实及推论。

"事实四，没有完全一样的个体；每一个群体都表现出很大的可变性。

"事实五，这些变异大多数是可以遗传的。

"推论二，在生存斗争中存活下来不是随机的，而是部分依靠幸存个体的遗传结构。这种不均衡的存活构成了自然选择的过程。

推论三，经过许多代以后，自然选择将导致群体连续逐渐地变化，即导致群体进化并产生新的物种。

"好了，现在让我用浅显一点儿的语言为你们做解释。上面我们说到，隔离作用导致同一物种中产生了不定向变异；同时，由于生存资源的压力，种群的个体之间开始产生激烈的生存竞争。在竞争中，更适应环境的一小部分变种存活了下来，然后它们开始通过繁衍后代来把自己的个体变异保存下去。相反，种群中那些不能适应环境的变种则在逐渐消亡。这种自然选择过程长期进行下去，就会导致群体进化并产生新的物种。"

"好了，以上就是我的进化论的全部内容，我想现在你们的脑袋已经被我塞得满满当当了吧。"达尔文老师风趣地说道。

"真是不好意思，我讲得太投入了，已经超时很久了。同学们再见！大家集体起立为这位伟大的生物学家献上热烈的掌声。就这样，一堂精彩的"生物进化课"圆满结束了，张秋关于生命起源问题的思考终于在此画上了句点。

达尔文老师推荐的参考书

《物种起源》 查尔斯·罗伯特·达尔文著。它是进化论的奠基人达尔文的第一部巨著。这部著作的问世，第一次把生物学建立在完全科学的基础上，以全新的生物进化思想推翻了"神创论"和"物种不变"的理论，是一部具有划时代意义的伟大著作。

第十五堂课

孟德尔老师主讲"遗传定律"

生物表现出来的各种性状是由遗传因子决定的，这种遗传因子在体细胞中是成对出现的，一显一隐，它们表现出来的性状比为三比一。

格雷戈尔·约翰·孟德尔（Gregor Johann Mendel，1822—1884）

孟德尔是奥地利遗传学家，遗传学的奠基人，是"现代遗传学之父"。1865 年，他发表了《植物杂交实验》的论文，揭示出遗传学的两个基本规律——分离规律和自由组合规律。这两个重要规律的发现和提出，为遗传学的诞生和发展奠定了坚实的基础，也让孟德尔成为公认的科学遗传学的奠基人。

在听过达尔文老师的课后，张秋对"生命的起源"这一问题的思考终于告一段落。虽然达尔文老师帮人们找到了新物种产生的"源头"，但同时也留下了一个新的难题。按照达尔文的进化论观点，是变异导致了新物种的产生，然后经过世代遗传和自然选择，这种适应生存的新物种得以保存。但是，达尔文的理论停留在这里，至于变异是怎样产生的，变异产生的新性状又是怎样保留下来的，这两个重要问题达尔文没有给出明确的答案。沿着新的疑问出发，张秋又把求知的"触角"伸到了遗传学的领域。

为什么植物的同一株上既有红花又有白花？为什么两只高茎植物交配会生出矮茎植物？为什么连续几代被埋没的性状会再次表现出来？原来这些现象都可以利用遗传学的知识给予解答。那么，在这丰富多彩的生命现象背后，到底潜藏着怎样的遗传奥秘呢？或许，在这一堂"神秘生物课堂"中可以得到答案。

从豌豆中发现遗传定律

刘成老师评注

孟德尔生于奥地利的海因岑多夫一个贫寒的农民之家，父亲擅长园艺技术。在他的熏陶下，孟德尔自幼爱好园艺。后来孟德尔进入维也纳大学，系统学习了植物学、动物学、物理学和化学等课程，并接受了从事科学研究的良好训练，这些都为他后来从事植物杂交的科学研究奠定了坚实的基础。1854年，孟德尔返回家乡，从此开始了植物杂交试验。

"各位同学下午好，我是奥地利遗传学家孟德尔。我在生物学领域主要从事的工作是**植物杂交实验**，目的是探索杂种在其后代的发育情况。"孟德尔老师开门见山，直接讲了起来。

"具体来说，我的研究工作包括以下三点。第一，通过观察一对相对性状在杂交过程中的遗传变异，寻找其中的遗传变异规律；第二，通过观察两对以上相对性状在杂交过程中的遗传变异，寻找其中的遗传变异规律；第三，找出以上两种规律之间的内在联系。"

"孟德尔老师，恕我打断一下，不知您可否解释一下什么叫作'性状'？"张秋问道。

"哦，对了，在讲述我的遗传定律之前，我还要先给你们解释一些生物学名词。所谓性状，就是生物体的形态、结构和生理、生化等特性的总称。所谓相对性状，即指同种生物同一性状的不同表现类型，如豌豆花色有红花与白花之分，种子形状有圆粒与皱粒之分等。

"为了方便和有利于分析研究，我们首先只针对一对相对性状的传递情况进行研究，然后再观察多对相对性状在一起的传递情况。为了实现这一实验目的，**我选用了豌豆作为实验材料**，因为它们具有 7 种稳定的、可区分的性状，如圆形种子与皱形种子、黄叶与绿叶、高茎与矮茎等，而且还是自花授粉，比较容易控制。

刘成老师评注

> 孟德尔用了整整八年时间，几乎天天陪伴着他心爱的豌豆。他常常指着豌豆十分自豪地对前来参观的客人介绍说："这些都是我的女儿。"

"在选好材料后，就可以开始实验了。首先，用纯种的高茎豌豆与矮茎豌豆作亲本，在它们的不同植株间进行异花传粉。结果发现，无论是以高茎作母本，矮茎作父本，还是以高茎作父本，矮茎作母本，它们杂交得到的第一代植株（简称'子一代'，以 F1 表示）都表现为高茎。也就是说，就这一对相对性状而言，F1 植株的性状只能表现出双亲中的一个亲本的性状——高茎，而另一亲本的性状——矮茎，则在 F1 中完全没有得到表现。又如，用纯种的红花豌豆和白花豌豆进行杂交实验时，无论是正交还是反交，F1 植株全都是红花豌豆。"

"这好奇怪，为什么矮茎和白花的特征在下一代中没有表现出来呢？"张秋挠着头问道。

"这其实不难理解。就像一个高个子站在矮个子前头，矮个子就被挡住了，我们就看不见他了；或者，把一张红纸放在白纸上头，我们就只能看见红纸的颜色了，这个道理是一样的。当豌豆中高茎和矮茎或红花与白花这一对相对性状出现在一起时，高茎、红花这两个性状总是能表现出来，因此我们把它们叫作显性性状；而矮茎、白花则会被隐藏，因此我们把它们称为隐性性状。"

"也就是说，当显性性状和隐性性状在一起时，只有显性性状会表现出来，

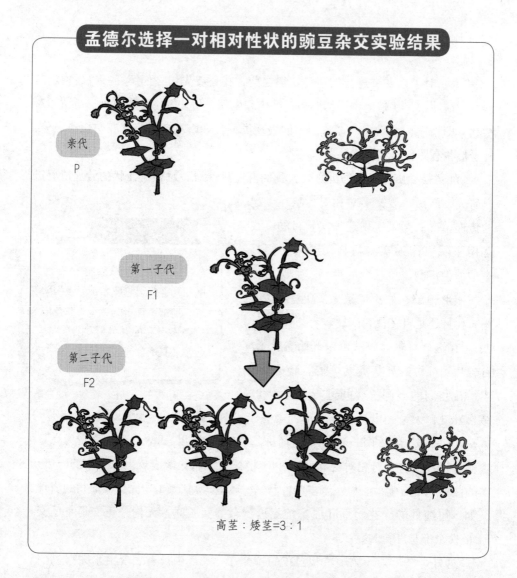

孟德尔选择一对相对性状的豌豆杂交实验结果

亲代
P

第一子代
F1

第二子代
F2

高茎∶矮茎=3∶1

所以，在刚才的杂交实验中，杂种 F1 中只表现出相对性状中的一个性状——显性性状。那么，现在我有一个疑问，那些没表现出来的隐性性状，是不是就此消失了呢？它们能否表现出来呢？"女医生提出了一个非常专业的问题。

"这位同学的问题也正是我的困惑。在发现了豌豆的隐性性状和显性性状后，我也产生了上述疑问。于是，为了解开这些问题，我又进行了进一步的杂交实验研究。我让上述 F1 的高茎豌豆自花授粉，然后把结出的 F2 豌豆种子于次年再播种下去，得到杂种 F2 的豌豆植株，结果出现了两种类型：一种是高茎的豌豆

（显性性状），另一种是矮茎的豌豆（隐性性状），即一对相对性状的两种不同表现形式——高茎和矮茎性状，全都表现出来了。

"实验进行至此，咱们的疑问已经解除了。我把'一对相对性状的两种不同表现形式'这种现象称为分离现象。不仅如此，在研究分离现象的过程中，我还获得了意外收获。我从 F2 的高、矮茎豌豆的数字统计中发现，在 1064 株豌豆中，高茎的有 787 株，矮茎的有 277 株，两者数目之比近似于 3∶1。

"这个现象引发了我的思考。难道是巧合吗？凭借我对科学的敏感，我觉得**这背后肯定隐藏着重大玄机**。机会就摆在眼前，当然不能错过，于是我又以同样的实验方法，又为红花豌豆的 F1 自花授粉。"

"那么这一次结果如何呢？您有什么重大发现？"张秋很配合地发问。

"结果就是，在杂种 F2 的豌豆植株中，同样出现了两种类型：一种是红花豌

刘成老师评注

我们在研究中也要吸取孟德尔老师的经验，当实验结果出现"惊人巧合"时，这里面极有可能"暗藏玄机"，所以在此时若能抓住机会，便极有可能获得意外收获。

孟德尔豌豆实验结果数据统计表

性状	显性	隐性	F2的比例（显∶隐）
种子的形状	5475（圆）	1850（皱）	2.96∶1
子叶的颜色	6022（黄）	2001（绿）	3.01∶1
花的颜色	705（红）	224（白）	3.15∶1
豆荚的形状	882（膨大）	299（缢皱）	2.95∶1
熟荚的颜色	482（绿）	152（黄）	3.17∶1
花的位置	651（腋生）	207（顶生）	3.14∶1
茎的高度	787（高）	277（矮）	2.84∶1

豆（显性性状），另一种是白花豌豆（隐性性状）。对此进行数字统计，结果表明，在929株豌豆中，红花豌豆有705株，白花豌豆有224株，两者之比同样接近于3∶1。"

"接着，我又分别对其他5对相对性状进行了同样的杂交实验，其结果也都是如此。那么这究竟是怎么回事呢？我确信，这种现象绝对不可能是出于巧合，这一定是遗传学上的一种普遍规律。但对于3∶1的性状分离比，我仍感到困惑不解。后来，经过一番创造性思维后，终于茅塞顿开，于是提出了遗传因子的分离假说。"

🌀 对性状分离现象的解释和验证

"好啦，我讲了这么多了，下面该你们动动脑子了。不知有哪位同学能为我研究的'分离假说'做一个总结呢？"孟德尔老师面带笑容，一脸期待地看着大家。

"孟德尔老师的分离假说可以总结为以下几点。第一，植物性状的遗传由遗传因子决定（遗传因子后来被称为基因）。第二，遗传因子在体细胞内成对存在，其中一个成员来自父本，另一个成员来自母本，两者分别由精卵细胞带入。在形成配子时，成对的遗传因子又彼此分离，并且各自进入一个配子中。这样，在每一个配子中，就只含有成对遗传因子中的一个成员，这个成员也许来自父本，也许来自母本。"

"第三，在杂种F1的体细胞中，两个遗传因子的成员不同，它们之间处在各自独立、互不干涉的状态之中，但两者对性状发育所起的作用却表现出明显的差异，即一方对另一方起了决定性的作用，因而有显性因子和隐性因子之分，随之而来的也就有了显性性状与隐性性状之分。第四，杂种F1所产生的不同类型的配子，其数目相等，而雌雄配子的结合又是随机的，即各种不同类型的雌配子与雄配子的结合机会均等。"张秋把她在生物书上学到的分离定律内容复述了一遍。

"哈哈……这位女同学还挺厉害。借用你们中国的一句话，这真是后生可畏啊！不过我想她的解释可能有些笼统了，同学们未必能够听懂，所以接下来还是让我用图示的方式，再为大家做一些细致的分析。"说着，孟德尔老师挽起袖子，拿起粉笔，一边讲着，一边在黑板上画起图来。

"为了更好地证明分离现象，下面我用一对遗传因子的图解来为你们说明豌豆杂交实验及其假说。如图所示，我们用大写字母 S 代表圆形豌豆的显性遗传因子，用小写字母 s 代表皱形豌豆的隐性遗传因子。在生物的体细胞内，遗传因子是成对存在的，因此，在纯种圆形豌豆的体细胞内含有一对决定圆形性状的显性遗传因子 SS，在纯种皱形豌豆的体细胞内含有一对决定皱形性状的隐性遗传因子 ss。杂交产生的 F1 的体细胞中，S 和 s 结合成 Ss，由于 S（圆形）是显性，故 F1 植株全部为圆形豌豆。当 F1 进行减数分裂时，其成对的遗传因子 S 和 s 又得彼此分离，最终产生了两种不同类型的配子。一种是含有遗传因子 S 的配子，另一种是含有遗传因子 s 的配子，而且两种配子在数量上相等，各占 1/2。因此，上述两种雌雄配子的结合便产生了三种组合：SS、Ss 和 ss，它们之间的比接近于 1 : 2 : 1，而在性状表现上则接近于 3（圆）: 1（皱）。"

"接下来我要提出另一个问题，你们在听完我对分离现象的解释后，难道没有一人产生过质疑吗？你们都赞同我的说法吗？"孟德尔老师的这个问题弄得众人都摸不着头脑，大家不明白他这话是什么意思。

见众人面面相觑，一脸费解，孟德尔老师补充道："我的意思是，尽管我之前对分离现象的解释头头是道，可那毕竟是一种假说，要使这个假说上升为科学真理，单凭其能清楚地解释它所得到的实验结果还是远远不够的，**还必须用实验的方法验证这一假说。**"

"为了验证分离规律，我进行了大量实验，其中测交法是我使用最多的，在这里我简单为大家介绍一下这个实验。测交

刘成老师评注

我们常说"实践出真知"，再精密的理论也唯有经过实践的检验才能上升为真理，这一点我们一定要牢记于心。

就是让杂种子一代与隐性类型相交，用来测定 F1 的基因型。按照我对分离现象的解释，杂种子一代 F1（Ss）一定会产生带有遗传因子 S 和 s 的两种配子，并且两者的数目相等；而隐性类型（ss）只能产生一种带有隐性遗传因子 s 的配子，这种配子不会遮盖 F1 中遗传因子的作用。所以，测交产生的后代应当一半是圆

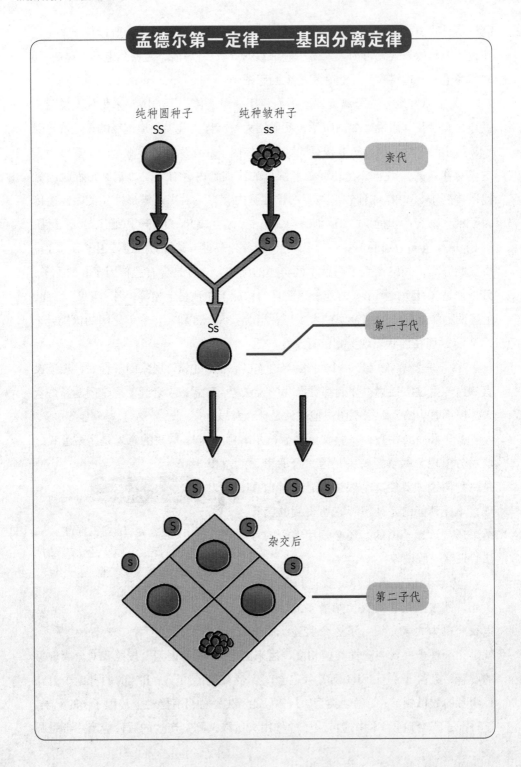

孟德尔第一定律——基因分离定律

纯种圆种子
SS

纯种皱种子
ss

亲代

Ss

第一子代

杂交后

第二子代

形（Ss）的，一半是皱形（ss）的，即两种性状之比为1：1。

　　"我又用子一代高茎豌豆（Dd）与矮茎豌豆（dd）相交，得到的后代共64株，其中高茎的30株，矮茎的34株，即性状分离比接近1：1，实验结果符合预先设想。对其他几对相对性状的测交实验，也无一例外地得到了近似于1：1的分离比。以上的测交结果，可以充分地证明我提出的遗传因子分离假说是正确的，是完全建立在科学的基础上的。"

🌑 自由组合规律

　　"在揭示了由一对遗传因子（或一对等位基因）控制的一对相对性状杂交的遗传规律——分离规律之后，我又接连进行了两对、三对甚至更多对相对性状杂交的遗传实验，进而又发现了第二条重要的遗传学规律，即自由组合规律，也有人称它为独立分配规律。这里我们就为大家重点介绍一下我所进行的两对相对性状的杂交实验。"

　　"在进行两对相对性状的杂交实验时，仍以豌豆为材料。我选取了具有两对相对性状差异的纯合体作为亲本进行杂交，一个亲本是结黄色圆形种子（简称黄色圆粒），另一亲本是结绿色皱形种子（简称绿色皱粒），无论是正交还是反交，所得到的F1全都是黄色圆形种子。由此可知，豌豆的黄色对绿色是显性，圆粒对皱粒是显性，所以F1的豌豆呈现黄色圆粒性状。

　　"如果把F1的种子播下去，让它们的植株进行自花授粉（自交），则在F2中出现了明显的性状分离和自由组合现象。在共计得到的556粒F2种子中，有四种不同的表现类型：黄色圆形种子、黄色皱形种子、绿色圆形种子、绿色皱形种子。如果以数量最少的绿色皱形种子32粒作为比例数1，那么F2的四种表现型的数字比例大约为9：3：3：1。

　　"那么，从以上研究结果中，你们能得出什么结论？有哪位同学能够告诉我？"

"从以上豌豆杂交实验结果看出，在F2所出现的四种类型中，有两种是亲本原有的性状组合，即黄色圆形种子和绿色皱形种子，还有两种不同于亲本类型的新组合，即黄色皱形种子和绿色圆形种子，其结果显示出不同相对性状之间的自由组合。"张秋抢先回答。

"很好，现在我们得到了杂交实验结果，所以接下来我们要做的就是分析这个实验结果。我在杂交实验的分析研究中发现，如果单就其中的一对相对性状而言，那么其杂交后代的显、隐性性状之比仍然符合3∶1的近似比值。以上性状分离比的实际情况充分表明，这两对相对性状的遗传，分别由两对遗传因子控制着，其传递方式依然符合分离规律。"

"这完全没有问题，可是这些实验结果除了能说明植物的杂交符合分离规律之外，还能不能说明其他问题呢？"孟德尔老师再次提问。

"它还表明了一对相对性状的分离与另一对相对性状的分离无关，二者在遗传上是彼此独立的。"这次是女医生抢答。

"没错，如果把这两对相对性状联系在一起考虑，那么这个F2表现型的分离比，应该是它们各自F2表现型分离比（3∶1）的乘积。这也表明，控制黄、绿和圆、皱两对相对性状的两对等位基因，既能彼此分离，又能自由组合。"

☯ 对自由组合现象的解释和验证

"那么，对上述遗传现象，又该如何解释呢？经过对杂交实验结果的认真比对分析后，我提出了不同对的遗传因子在形成配子中自由组合的理论，下面就让我来为大家详细讲解一下。接下来的会有点儿复杂，你们要认真听讲，不要走神哦！"孟德尔老师嘱咐大家。

"我最初选用的一个亲本黄色圆形的豌豆是纯合子，其基因型为YYSS——在这里，Y代表黄色，S代表圆形，由于它们都是显性，故用大写字母表示。而选用的另一亲本绿色皱形豌豆也是纯合子，其基因型为yyss——在这里，y代表绿色，s 代表皱形，由于它们都是隐性，因此用小写字母来表示。因为这两个亲本都是纯合体，所以它们都只能产生一种类型的配子，即 YYSS——YS 以及 yyss——ys。

"两者杂交，YS 配子与 ys 配子结合，所得后代 F1 的基因型全为 YySs，即全为杂合体。由于基因间的显隐性关系，所以 F1 的表现型全为黄色圆形种子。杂合的 F1 在形成配子时，根据分离规律，即 Y 与 y 分离，S 与 s 分离，然后每对基因中的一个成员各自进入下一个配子中，这样，在分离了的各对基因成员之间，便会出现随机的自由组合，即，YS、yS、Ys 和 ys。

"由于它们彼此间相互组合的机会均等，因此杂种 F1（YySs）能够产生四种不同类型、相等数量的配子。当杂种 F1 自交时，这四种不同类型的雌雄配子随机结合，便在 F2 中产生 16 种组合中的 9 种基因型合子。由于显隐性基因的存在，这 9 种基因型只能有四种表现型，即黄色圆形、黄色皱形、绿色圆形、绿色皱形。如图所示，它们之间的比例为 9∶3∶3∶1。以上就是关于自由组合定律原理的解释，不知道你们听懂了没有？"

"基本听懂了，不过恐怕还需要时间消化一下。您刚才给我们讲分离定律的时候，采取了实验验证，我猜，这一次的自由组合定律也同样需要实验验证吧？"这一次说话的是文森。

"没错，与分离规律相类似，要将自由组合规律由假说上升为真理，同样需要科学实验的验证。为了证实具有两对相对性状的 F1 杂种，确实产生了四种数目相等的不同配子，我同样采用了测交法来验证。

"把 F1 杂种 YySs 与双隐性亲本 yyss 杂交，由于双隐性亲本只能产生一种含有两个隐性基因的配子（ys），所以测交所产生的后代，不仅能表现出杂种配子的类型，还能反映出各种类型配子的比数。换句话说，F1 杂种与双隐性亲本测交后，如能产生四种不同类型的后代，而且比数相等，那么就证实了 F1 杂种在形成配子时，其基因就是按照自由组合的规律彼此结合的。

"实际测交的结果，无论是正交还是反交，都得到了四种数目相近的不同类型的后代，其比数为 1∶1∶1∶1，与预期的结果完全符合。这就证实了雌雄杂种 F1 在形成配子时，确实产生了四种数目相等的配子，从而验证了自由组合规律的正确性。"

"好了，以上就是关于分离定律和自由组合定律的全部内容。因为有太多大

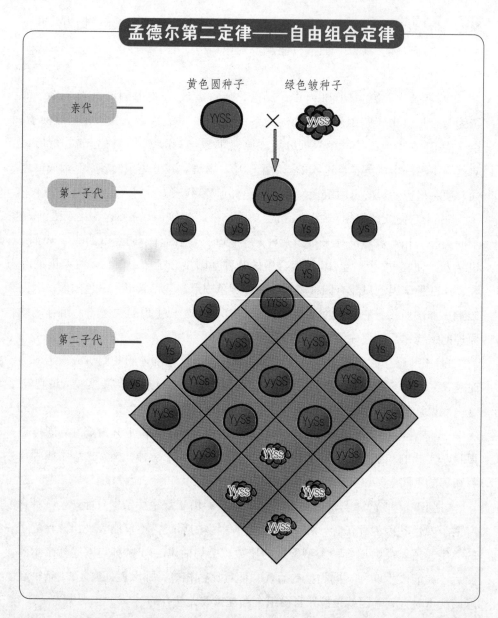

小写字母绕来绕去，估计很多同学都已经听得有点儿懵了，希望你们回去自己动手，画一下图，再好好消化一下，相信应该不难理解。"孟德尔老师看了看表，看来，说再见的时间到了。

"孟德尔老师，恕我冒昧，我还有一个问题想问您。刚才您讲的两大遗传定律我已经基本听懂了，但是您还没告诉我们，您的两项伟大研究对我们有什么作用呢？"在课堂的最后，文森问了一个稍显失礼的问题。

"这个问题的确需要特别说明一下。大家知道，导致生物发生变异的原因固然很多，但是，基因的自由组合却是生物性状呈现多样性的重要原因。比如说，一对具有 20 对等位基因（这 20 对等位基因分别位于 20 对同源染色体上）的生物进行杂交，F2 可能出现的表现型就有 $2^{20}=1048576$ 种。而自由组合规律则为大家解释自然界生物的多样性提供了重要的理论依据。

"至于分离规律，除了能够帮助我们解释自然界生物的多样性外，还可帮助我们更好地理解为什么近亲不能结婚。由于有些遗传疾病是由隐性遗传因子控制的，这些遗传病在通常情况下很少会出现，但是在近亲结婚（如表兄妹结婚）的情况下，它们有可能从共同的祖先那里继承相同的致病基因，从而使后代出现病症的机会大大增加。因为有了这一发现，我们就可以避免近亲结婚带来的危害。"

回答完最后一个问题，孟德尔老师便离开了。在众人热烈的欢送掌声中，又一堂课结束了。那么，下一次又会是哪位老师与同学们一同分享生物学的精彩呢？在座的每个人都充满了期待。

孟德尔老师推荐的参考书

《植物杂交实验》 格雷戈尔·约翰·孟德尔著。在这篇论文中孟德尔提出了遗传因子、显性性状、隐性性状等重要概念，并详细阐明其遗传规律。基因的分离定律及基因的自由组合定律为遗传学的诞生和发展奠定了坚实的基础，是孟德尔一生科研成果的结晶。

摩尔根老师主讲"连锁与互换定律"

同一条染色体上的基因，它们所决定的性状可能会同时出现在后代中。

托马斯·亨特·摩尔根（Thomas Hunt Morgan，1866—1945）

摩尔根是美国实验胚胎学家、遗传学家、现代基因学说的创始人。摩尔根生于肯塔基州的列克星敦，在肯塔基州立学院获得了理学学士学位，毕业后进入霍普金斯大学攻读研究生，在这里打下了良好的基础，并使他形成了"一切都要经过实验"的信条。之后，摩尔根的一生都在科研工作中度过，他致力于胚胎学和遗传学研究，创立了关于遗传基因在染色体上呈直线排列的基因理论和染色体理论，获 1933 年诺贝尔生理学或医学奖，被后世誉为"现代基因学之父"。

自从在孟德尔老师的课上发现了生物遗传的神奇奥秘后，张秋又对遗传学产生了浓厚的兴趣。为了亲眼见证孟德尔的遗传定律，张秋已经在实验室"闭关"了半个多月。"出关"的时候虽然整个人都已憔悴不堪，但满脸笑容。由此可以看出，实验一定是成功了。

做实验做到筋疲力尽的张秋一回到寝室就一头栽在床上，准备大睡一场。这时，莉莉打电话告诉她，由于突发事件，"神秘生物课堂"临时安排了摩尔根老师在今天下午两点举行讲座，要她立刻赶过来。

一听说摩尔根老师要来讲课，疲惫的张秋立刻坐起来，穿上外衣向教室赶去。

🌑 对孟德尔定律提出质疑

当张秋气喘吁吁地赶到教室时，摩尔根老师已经站在讲台上开始讲课了。为了不引起注意，张秋弯着腰，蹑手蹑脚地走到莉莉旁边悄悄坐下。可是她刚坐下，就听见摩尔根老师说道："这位刚进来的同学你先别着急坐下，请你先回答我一个问题。"

因迟到而被抓个正着已经让张秋很窘迫了，现在摩尔根老师还说要向她提问，她紧张得冒出一头冷汗。

"我听说上节课来给你们讲课的是孟德尔老师，那么你们应该已经对他的遗传定律有了一定了解，现在就请这位同学再给我们简单介绍一下孟德尔遗传定律的内容吧。"摩尔根老师笑着对张秋说道。

听了这个问题，张秋心里的石头顿时落了地。自己忙了半个月，全是为了验证孟德尔的这两条遗传定律，这个问题对她来说简直是轻而易举。

"通过对不同性状的豌豆杂交实验，孟德尔老师得出了两条遗传定律，一条是分离定律，另一条是自由组合定律。分离定律的内容是，杂种的两个亲本的不同性状是相互独立的，显性性状表现出来，隐性性状不表现出来。控制这些性状的遗传因子并没有混合在一起，而是独立的。控制相对性状的一对遗传因子在生殖细胞中是相互分离的，在形成合子时按概率随机重新组合。"

"而自由组合定律是孟德尔在进行两对相对性状的杂交实验中发现的。他发现，两对相对性状是由两对遗传因子控制的，在杂种中形成生殖细胞时，每一对遗传因子都要分开，存在于不同的生殖细胞中，而控制不同相对性状的遗传因子则是随机分布到不同的生殖细胞中，在形成合子时这些遗传因子的重组是随机的。这就是孟德尔提出的自由组合定律。"张秋非常专业地回答了摩尔根老师的问题后正准备长呼一口气，没想到摩尔根老师又问了另一个问题。

"看来这位同学对孟德尔的遗传定律还颇有研究，你该知道，孟德尔的遗传定律是通过豌豆的杂交实验得出的结论。那么你觉得，这条定律对动物是否适用呢？"

这下可难倒张秋了，因为这个问题她从来没有想过。摩尔根见张秋面露难色，也就不再为难她了，他接着说道："请这位同学先坐下吧，这个问题你回答不上来也没有关系，因为这也正是当年让我困扰许久的问题。后来多亏了那些可爱的果蝇朋友帮忙，我才找到了答案。下面就让我为你们讲述一下我和这些果蝇的故事吧。"

"起初，我认为孟德尔定律是不适用于动物的，因为在我们面前摆着一个尖锐的问题——按照孟德尔的分离定律，显性性状和隐性性状的比例是 3：1，可是，实际情况是，在自然界中，大多数生物的两性个体比例是 1：1，所以，不论决定性别的基因是隐形还是显性，都无法解释这一现象。可是，仅凭这一点便将孟德尔定律推翻也未免太过武断，所以我又尝试着通过实验寻找答案。

"我用家鼠和野生老鼠杂交，得到的结果是五花八门，根本无法用定律解释。接着我又尝试了鸽子、虱子等，都不太成功。后来，在一位朋友的建议下，我开始选择果蝇作为研究对象。"

刘成老师评注

最初，摩尔根对孟德尔定律是持反对态度的，他曾在寄给《美国国家博物学家》杂志的一篇论文中对孟德尔定律提出了四点质疑，都是非常值得思考的。可是有趣的是，这篇论文还没发表，摩尔根的态度就发生了一百八十度的大转变，这位孟德尔的怀疑者竟然成了他最坚定的拥护者。当然，这都要归功于果蝇实验带来的惊喜。

摩尔根对孟德尔定律提出的疑惑

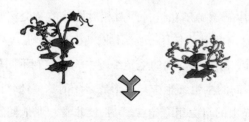

高茎豌豆与矮茎豌豆性状比为3：1，符合孟德尔分离定律。

雌性白鼠与雄性白鼠比例为1：1，不符合孟德尔定律。

"果蝇是什么？它和我们平时见到的苍蝇一样吗？"文森忍不住问道。

"果蝇属于苍蝇一类，但是比我们日常看到的苍蝇要小。它们喜欢吃腐烂的水果，夏天的时候经常在水果摊前面嗡嗡乱飞，因此得来了'果蝇'这个名字。果蝇一般体长只有半厘米左右，一个牛奶瓶中可以装上成百上千只，饲养容易，繁殖能力也强，所以**作为实验对象非常合适**。"

"我很好奇，您是怎么获得这些实验材料的？难道是跑去水果摊前一只一只地抓的吗？"文森问道。

"哈哈……这个倒不用担心，因为果蝇的繁殖能力是非常强的，所以只需获得一点儿'样本'，它们就能在短时间内繁殖出许多后代。它们只需 1 天的时间就可孵化为蛆，2~3 天变成蛹，再过 5

刘成老师评注

摩尔根有一个专门的果蝇实验室，叫作"蝇室"。据说，"蝇室"是一间仅为 34 平方米的小屋，里面挤着 8 张桌子。一排排靠墙摆放着果蝇饲养瓶，饲养着几百万只果蝇。

天就可羽化成虫，一年可以繁殖 30 代。不过，果蝇的来源虽然不成问题，但是由于它们超强的繁殖能力，我们在做实验时也遇到了一个麻烦，就是用来收集果蝇的牛奶瓶紧缺。当时，为了获得足够的牛奶瓶，我们甚至跑去别人家门口偷牛奶瓶。"说到这段做"梁上君子"的经历，摩尔根老师自己也有点儿不好意思。

🔵 孟德尔定律的再证明

"在准备好实验材料后，我开始着手培养突变品种，因为要想进行杂交实验，我们首先需要有一只不一样的变种。为了实现这一目的，我简直是'不择手段'。我对它们进行'严刑拷打'，使用 X 光照射、激光照射，用不同的温度，加糖、加盐、加酸、加碱，甚至不让果蝇睡觉。在经过两年的折腾后，终于在红眼的果蝇群中发现了一只异常的白眼雄性果蝇。"

"现在已经有了变种，那么接下来是不是该让它们进行杂交了？"莉莉插嘴道。

"没错，这是眼下最紧急的任务，必须让这只稀世罕见的白眼果蝇赶紧生育出后代，否则它一旦出现意外，我们两年的时间就要付之东流了。不过，刚出生的这只'宝贝'还很虚弱，必须要精心照料。为了保证它的安全，我把这只宝贝

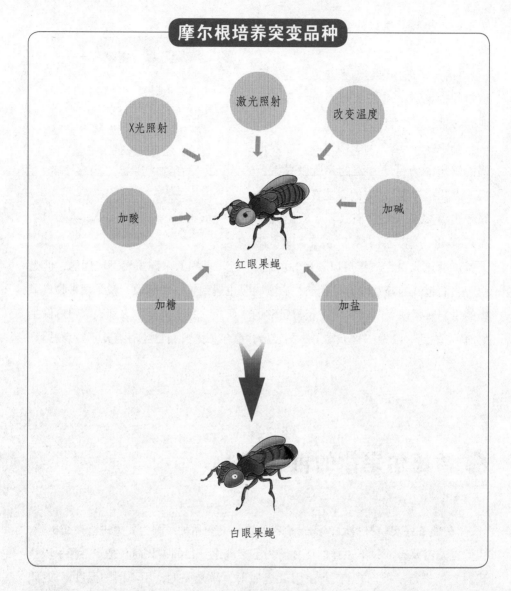

果蝇放在单独的瓶子中饲养。每天白天带着它上班，晚上带着它睡觉，对它比伺候自己的孩子都用心。还好，这一次苦心没有白费，这只白眼果蝇在与一只红眼果蝇交配后才寿终正寝，不过让我心头一紧的是，在第一代的杂交果蝇中，全部都是红眼果蝇，并没有出现白眼果蝇。"

"这是怎么回事？难道是白眼果蝇的突变基因没有遗传下去吗？"莉莉的语气也紧张起来。

"那肯定是因为白眼是隐性基因，红眼是显性基因，所以在第一代中，白眼基因被隐藏了起来。"张秋抢先回答。

"这位同学很聪明，的确是这个道理。按照孟德尔学说，红眼基因相对白眼基因是显性，所以在第一代中白眼基因的缺失只是'虚惊一场'，因为我们在第一代杂交果蝇相互交配产生的第二代杂交果蝇中，又见到了白眼果蝇的踪影。"

"那么，通过这个实验是不是就能够说明，孟德尔定律也完全可以适用于动物呢？"张秋问道。

"尽管看起来一切顺利，可是当我再次对这些白眼果蝇进行认真检测时，我从中发现了一个与孟德尔定律不相符的现象。按照孟德尔的自由组合定律，这些长着白眼的果蝇，它们的性别应该是既有雄性也有雌性的，可是，现在产生的这些白眼果蝇居然全部都是雄性，这一现象有点儿不同寻常。"

"现在这个现象不正与您一开始提出来的问题相符吗？为什么用孟德尔定律无法解释自然界中的两性比例。看来，在性别遗传的问题上，还另有玄机。"莉莉故作高深地说道。

"没错，现在又遇到了同一个难题，为什么突变出来的白眼基因只伴随着雄性个体遗传？到底在果蝇的性别遗传中，还隐藏着哪些我们不知道的秘密？带着这个疑惑，我们继续来探索。"

发现连锁与互换定律

"首先我知道，果蝇有4对染色体，在这4对染色体中有一对是决定性别的。其中雌性果蝇中的两条染色体完全一样，记为XX染色体；雄性果蝇中的染色体一大一小，记为XY染色体。据我判断，白眼基因位于X染色体上，因此，在白眼果蝇与红眼果蝇交配后，由于红眼是显性基因，因此不论后代的性别如何，产生的都是红眼果蝇。而当第二次杂交时，体内含有白眼基因的雌性红眼果蝇与正常的雄性红眼果蝇交配，就会出现含白眼基因的一条X染色体与一条Y染色体

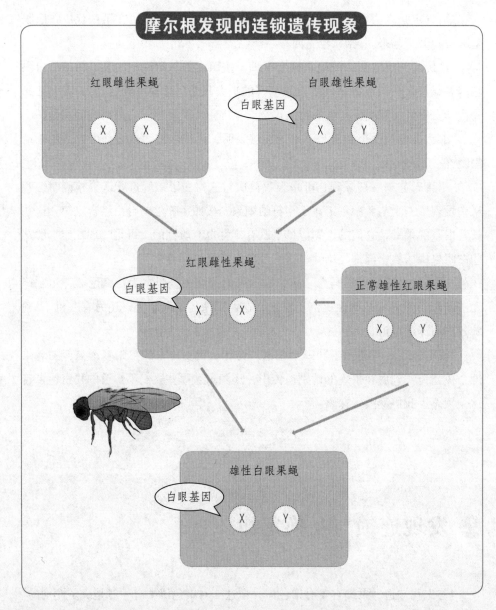

结合，生成第二代杂交果蝇中的白眼类型，而且都是雄性的。"摩尔根老师一边讲解，一边在黑板上写写画画。

"因为雌性的果蝇总有一个 X 是来自红眼，而红眼又相对白眼是显性基因，白眼无法显现出来，所以就导致在雌性果蝇中不可能出现白眼果蝇。"张秋补充道。

"嗯，说得不错，看来你已经基本明白了我讲的内容。这是对孟德尔定律的补充。我把这种白眼基因跟随 X 染色体遗传的现象叫作'连锁'，也就是说，两种基因——白眼基因和决定性别的基因好像锁链一样铰合在一起，当细胞中的染色体在分裂时，这些基因一同行动，组合时也一同与另外的染色体结合。"

"利用连锁定律，我们解释了为什么在自然界中两性比例不符合孟德尔定律这一问题，本以为关于果蝇的实验研究可以告一段落，可是就在此时，我又发现了另外的一种奇怪现象。在白眼和红眼的果蝇中间，我竟然又发现了粉红眼和朱砂眼果蝇，这一突变让我有些惊讶。"

"那么这两种突变与性别有关吗？"张秋问道。

刘成老师评注

摩尔根发现的连锁遗传现象显然与孟德尔所得的遗传因子自由组合定律矛盾。矛盾之处就在于，孟德尔实验的豌豆中有7对染色体，他所研究的7对性状恰好分别位于7对染色体上。如果孟德尔当初选取的性状中正好有两对以上的性状位于同一对染色体上，那么，孟德尔就无法用自由组合定律来加以解释了。所以，从这个角度说，孟德尔是幸运的，他的自由组合定律仅仅是连锁遗传的特例。

"粉红眼的性状分离与组合都与性别无关，也与白眼基因无关，很显然，粉红眼基因位于另外的染色体上，而且与性染色体无关。而朱砂眼果蝇的遗传特点则与白眼果蝇完全一致，也是伴性遗传的，这说明朱砂眼的基因与白眼基因一样，都位于 X 染色体上。

"上面的这两种突变性状还可以利用连锁定律解释，可是接下来又出现的一组新性状则给这一理论带来了全新的挑战。我的学生在果蝇中发现了一种小翅基因，这种基因是伴性遗传的，与白眼基因一样位于 X 染色体。根据连锁原理，这种小翅果蝇只能出现在白眼雄性果蝇上，也就是说在产生的后代中，只能存在两种类型，要么是白眼小翅，要么是红眼正常翅。但是实际情况却是，后代中也产生了白眼正常翅和红眼小翅的类型。这下又需要解释了。我在经过反复研究后，又得出了一个新的理论。

"我认为，染色体上的基因连锁群并不像锁链一样牢靠，有时染色体也会发生断裂，甚至与另一条染色体互换部分基因。两个基因在染色体上的位置距离越远，它们之间出现变故的可能性就越大，染色体交换基因的频率就越大。就像白眼基因与小翅基因，它们虽然在同一条染色体上，但是相距较远，因此当染色体彼此互换基因时，果蝇产生的后代中就会出现新的类型。我把这条原理称为互换定律。"

"这就像有两根绳子，每根绳子都有两只绑在一起的蚂蚱。绑在一根绳上的两只蚂蚱，本来是应该跟着绳子一起遗传到下一代的，可是由于两只蚂蚱离得较远，没有绑牢，所以其中一只蚂蚱和相邻的另一根绳子上的蚂蚱互换了位置，于是，就导致后代中产生了新的品种。"莉莉用一个形象的比喻说出自己对互换定律的理解。

"不错，这个比喻很形象，再配合上我刚刚在黑板上的图解，相信你们应该可以对连锁互换定律有一定的掌握了。这条定律和孟德尔的分离定律与自由组合定律并称为遗传学三大定律，根据这三条定律，遗传学上的很多现象我们都能解释了。"

"好了，时间也不早了，今天的课程就先上到这里。有兴趣的同学可以回去亲自动手做做实验，说不定你们还会有一些另外的新发现呢。"言毕，摩尔根老师转身走出教室，接着，众人也跟着陆续离开了。

 摩尔根老师推荐的参考书

《基因论》 托马斯·亨特·摩尔根著。本书全面阐述了摩尔根的基因论，其内容包括遗传学的基本原理、遗传的机制、突变的起源、染色体畸变、基因和染色体在性别决定方面的作用等。它不但总结了摩尔根的遗传研究成果，而且解释了当时已经发现的重要遗传学现象。本书是孟德尔－摩尔根学派观点的系统展现，其理论是遗传学发展史上的一次大飞跃。

第十七堂课

缪勒老师主讲"基因的构成"

> 用较高剂量的 X 射线处理精子，能诱发生殖细胞发生真正的基因突变。

赫尔曼·约瑟夫·缪勒（Hermann Joseph Muller，1890—1967）

　　缪勒是美国学者，辐射遗传学的创始人。缪勒祖籍德国，出生于美国纽约市，就读于哥伦比亚大学。毕业后在康奈尔医学院和哥伦比亚大学生理学系深造，1912 年获硕士学位。同年，被摩尔根招为研究生，在摩尔根的实验室里攻读博士，从此成为摩尔根的得力助手和传人。1927 年，缪勒在《科学》杂志发表了题为《基因的人工蜕变》的论文，首次证实 X 射线在诱发突变中的作用，搞清了诱变剂剂量与突变率的关系，为诱变育种奠定了理论基础，并因此荣获 1946 年诺贝尔生理学或医学奖。缪勒一生发表论文 372 篇，出版专著《单基因改变所致的变异》，并参与由摩尔根主编的《孟德尔遗传机制》的编写。由他建立的检测突变的 CIB 方法至今仍是生物监测的手段之一。

尽管了解了遗传因子自由分离、组合的奥秘，但是张秋脑中还是有很多困惑难解。比如，这种决定生命特征的遗传因子到底是什么？它们又是怎么完成遗传这一重大使命的？尽管摩尔根老师曾提出，基因存在于染色体上且呈线性排列的说法，还发现了基因突变这一现象，但是他还是没能回答上述问题。看来，要想解答这一新的困惑，张秋还得再拜"名师"，继续探索。

🌑 缪勒的基因突变理论

"神秘生物课堂"一如既往地在老时间、老地点开课，带着满腹疑问的张秋匆匆赶来，对新的一堂课满怀期待。

"大家好，我是美国学者缪勒。听说上节课给你们讲课的是著名的遗传学家摩尔根老师，我正是他的'入室弟子'，也曾是他'果蝇实验室'中的一员，所以对于遗传学也算小有研究。"缪勒老师一边走上讲台一边谦虚地做着自我介绍。

"不过，虽然都是从事遗传学研究，但是我与摩尔根老师的研究方向不太相同。他的实验重点在于验证孟德尔的基因分离定律和自由组合定律，**而我则对基因的突变更有兴趣**。因为我认为，除了正常情况下的遗传外，基因在非正常情况下发生的不连续变异对于生命的遗传同样有着重要的意义。"

刘成老师评注

缪勒是第一个成功地用果蝇来系统研究突变现象的遗传学家，因发现X射线可以人工诱使遗传基因发生突变而获得1946年诺贝尔生理学或医学奖。

"恕我打断一下，您能给我们讲讲基因突变在遗传学上有什么重要意义吗？"坐在第一排的文森首先发问。

"你们还记得上节课摩尔根老师讲过的果蝇实验吗？在进行杂交实验之前，他首先做的工作就是培养突变品种，因为只有得到新的基因，实验才能进行下去。后来，他足足用了两年时间在红眼果蝇中得到了一只基因突变的白眼果蝇。

结果，仅利用这一只突变品种的基因，他就得到了一系列的新品种。如后来的粉红眼果蝇、朱砂眼果蝇，都是这只白色果蝇染色体互换的产物。由此我们可以看出，基因上的一点儿小变异就可以引起后代性状上的很大改变，所以说，基因的突变对生物的遗传和生长都是有很大影响的。不过这种变异带来的影响究竟是好还是坏呢？这还有待于进一步的研究。"

"不好意思，我也有个问题。您说了半天的基因突变，可到底什么叫基因突变呢？"张秋提出了一个非常重要但却没人想到的问题。

"这的确是一个很有必要讨论的问题。我们现在说的基因突变并不是指孟德尔自由组合现象，或是摩尔根老师发现的连锁交换现象中的某些特例，如基因的重组、染色体结构的变化或染色体的反常分离等。为了与上述现象加以区分，我把'突变'这一概念重新定义为'基因的变更'，即在基因结构上发生的可遗传性变化。"

在看到同学们豁然开朗地点头后，缪勒老师继续讲："在明确了'基因突变'这一概念后，接下来我们就可以全面展开研究了。在与摩尔根老师一起培养果蝇突变品种的时候我就发现，在自然条件下，基因是不容易发生突变的。那么，怎么才能提高基因的突变率呢？我开始尝试各种办法，但都不得要领。后来，**我采用 X 射线照射果蝇**。结果发现，这种具有放射性的短波电磁辐射的确是诱发突变的'利器'，可以大大提高突变率。"

"可是，放射性射线不是对人体有害吗？利用它来诱发基因突变，不会有'后遗症'吗？"张秋谨慎地问。

"没错，利用 X 射线诱发的基因突变大多是有害的，往往会造成生物体的死

刘成老师评注

缪勒在用X射线处理果蝇的同时，再以数千个未经处理的果蝇作为对照。在同样的培养条件下，受高剂量X射线处理的果蝇之突变率比未受处理的果蝇之突变率高出约150倍。用X射线处理，在短时间内即得到了几百个突变体，经过几代培育发现了100个以上的突变基因。

亡。所以我们由此也可得知，试图利用人工干预来造成基因突变，加快生物进化的过程的想法是行不通的。不过，我在实验室里苦心钻研基因突变的目的并不是要制造新的物种，而是希望通过对突变的研究来对基因的构成有新的发现。"

"是啊，孟德尔老师和摩尔根老师一直在给我们说着基因的分离、组合、交

换，可是他们却从来没有明确地告诉过我们，基因到底是什么。'基因'这个词在我脑中只是一个空泛的概念，完全没有实体形象。这就像我妈成天挂在嘴边的谁谁家的谁，高学历、高收入、高富帅……可是这位'谁'我根本不知道是谁，所以，不管他再好，他在我心里永远只是老妈的一句'口头禅'而已。"文森用了一个比喻来表示自己对"基因"这个概念的困惑。

"哈哈……这位同学说话真有意思，不过他说的确实不无道理，这么多年来，我们确实还没能解开神秘的'基因之谜'。孟德尔只是提出了'遗传因子'这样一个逻辑上的抽象概念，摩尔根通过果蝇的研究证明了基因的真实存在，可是他们都没能对基因有明确的认识。当然，到我这里，对于基因到底是什么这个问题，我也还未明确。但是通过对辐射诱变的研究，我提出了一种猜想——基因可能是一种粒子。"

刘成老师评注

关于基因到底是什么的问题，缪勒老师也没能给出明确的答案。不过他一生都致力于这方面的研究，直到晚年还在孜孜不倦地探索着。

"您为什么会认为基因是一种粒子呢？"张秋不解地问。

"因为我们发出的 X 射线是一种像子弹一样的自由电子，而当基因受到这种粒子打击时，可以发生变化，因此我才猜测，基因本身也是一种粒子。"缪勒老师一边说着，一边皱紧眉头，看来在基因这个小东西面前，他也同样犯了愁。

⚫ 关于基因的不同看法

"关于基因到底是什么的问题，不止我一个人受着困扰。许多致力于遗传学研究的科学家们也都在这一领域纷纷展开探索，下面我就为大家简单介绍一下当时比较流行的三种观点。"在略微思考了一会儿之后，缪勒老师又继续展开了话题。

"关于基因，最古老的看法是，把基因本身看作生物的结构物质。持这种观点的代表人物可以追溯到达尔文，他在晚年曾提出'泛子学说'。他认为生物体各部分的细胞都带有特定的自身繁殖的粒子，这种粒子可由各系统集中于生殖细胞，传递给子代，使它们呈现亲代的特征。后来，生物学家德弗里斯在达尔文观点的基础上做了一些修正，他认为泛子从细胞的细胞核移向细胞质，而细胞就是生物有机体所含有的组织和器官的结构物质。"

"上面这种观点是人们在对基因认识还不够的情况下提出的一种构想，并没有被大多数人所接受。而得到广泛流行的是第二种观点，即认为基因是一种酶。这一派的代表学者是美国遗传学家比德尔，他从生物化学的角度研究基因，结果发现基因的作用机理与酶相似，因此便提出了'一个基因一个酶'的假设。"讲到此处，缪勒老师停了下来，因为他发现竟然有人睡着了。

"最后排的那位同学，不要打瞌睡了。咱们现在探讨的可是'生命攸关'的严肃话题。现在我絮絮叨叨跟你谈论基因你可能觉得不知所谓，可是你要知道，正是这个'不知所谓'的小东西造就了神奇的生命，造就了你我，造就了这个丰富美好的大自然。赶紧打起精神，跟我继续探索下去吧。"缪勒老师的一番话不禁让众人打起了精神，说得他自己也兴奋了起来。只见他挽了挽白衬衫的袖子，又兴致勃勃地讲了下去。

"大家都知道，酶是一种蛋白质。所以，当人们提出'基因就是一种酶'的观点时，也自然地把基因当成了一种蛋白质。可是，就在这种观点盛传时，我开始认识到了核酸的重要性，于是，我又提出了一种新的看法，也就是第三种观点——基因是能量传递的一种手段。

关于基因的三种看法

	代表人物	主要观点
第一种观点	达尔文和德弗里斯	把基因本身看作生物的结构物质
第二种观点	比德尔	基因是一种酶
第三种观点	缪勒	基因是一种粒子

"听到这里，你们可能有点儿迷惑，这不要紧，因为你们还不太了解核酸这种物质，所以，接下来我要给你们插播一段关于核酸的简介。"

基因的化学性质

"第一个发现核酸的人是米歇尔。他在研究脓细胞的细胞核时发现了一种含磷很高而含硫很低的强有机酸。米歇尔对这种酸做了各种测试，发现它与胃蛋白酶有明显的不同，所以，这极有可能是一种新的细胞成分，他把这种新物质称为'核素'。"

"那么米歇尔有没有发现，他所说的核素其实就是构成基因的重要物质呢？"张秋好奇地问。

"本来米歇尔产生了这一想法，他认为这种在细胞核内发现的新物质可能会在遗传性状的传递上起着不同寻常的作用。但是对于当时的人们来说，核酸这种物质还很陌生，他们没法想象这种奇怪的东西怎么可能担负着传递遗传信息这样的重要使命。况且，大家也知道，大众总是更容易接受自己所熟知的事物，当时人们对蛋白质已经有了一定的了解，所以大部分人还是愿意相信，蛋白质才是构成基因的化学物质。

"到了19世纪末，又有一批科学家对核素产生了兴趣。赫特维希提出了核素可能负责受精和传递遗传性状的观点，而科赛尔则证明了，在生命体内存在着两种类型的核酸，一种是胸腺核酸，一种是酵母核酸，这也就是你们现在所说的脱氧核糖核酸（DNA）和核糖核酸（RNA）。

"不仅如此，科赛尔还发现，这两种核酸都含有腺嘌呤、胞嘧啶和鸟嘌呤三种碱基，但在DNA和RNA中存在的第四种碱基则不相同，DNA中存在的第四种碱基是胸腺嘧啶，而在RNA中存在的则是尿嘧啶。此外，从两种核酸的名字上也可以看出，在这两种核酸中的糖类的组成成分也是不同的，DNA中含的是脱氧核糖，而RNA中含的则是核糖。"

"科赛尔的研究成果与我们现在所了解的核酸组成基本相同了。"缪勒老师话音刚落，张秋便急忙说道。

"没错，大家也看出来了，科赛尔的研究已经是一个很好的开端，这意味着人们已经渐渐弄清楚了核酸的真正结构。而听到此处，我们也对基因的化学组成有了基本了解。所以我们现在又要讲回到之前那个未完的话题，那就是，为什么我会说，基因是能量传递的一种手段？"没想到缪勒老师的记性还真好，中间穿插了这么多的核酸内容，还没忘了自己刚才提出的观点。

"我的观点其实很简单，我认为核酸的化学功能可能是为基因的反应提供能量，而基因正是通过这种能量的传递才完成了遗传性状的使命。不过尽管我已经对核酸的化学组成有了一定了解，但是我还未能探知它更多的奥秘，所以我的这一观点也只是一个假说，还没法证实。"在说出最后一句话时，缪勒老师自己也显得有点儿无奈。

"至少您证明了，基因是确实存在的，它就在细胞核中，而且掌握着遗传各种形状的'生杀大权'。此外，您也发现了，基因的组成成分并不是蛋白质，而是一种叫作核酸的化学物质。并且，在生命体内存在着两种不同的核酸，一种是DNA，一种是RNA，它们的化学组成不尽相同，所以应该在遗传的过程中'各司其职'。"沉默了一节课的女医生突然站起来，在本堂课的结尾做了总结，她的一番话让还在云里雾里的同学们思路豁然开朗。

"这位女同学可帮了我大忙，我正担心同学们理不清思路呢。不过，因为时间的关系，关于基因的奥秘，我只能陪你们探讨到这里。接下来等着你们的还有最后一道关卡——关于基因遗传的'终极奥秘'，希望在下节课中，沃森和克里克能够带着你们'顺利通关'，让你们每个人都能收获这份具有特别意义的'毕

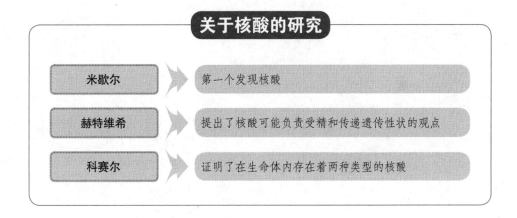

关于核酸的研究

米歇尔	→	第一个发现核酸
赫特维希	→	提出了核酸可能负责受精和传递遗传性状的观点
科赛尔	→	证明了在生命体内存在着两种类型的核酸

业礼物'。"

在抛下最后一个悬念后，缪勒老师潇洒地转身离开了。听到了"毕业礼物"四个字，张秋才突然意识到，"神秘生物课堂"要接近尾声了。

 缪勒老师推荐的参考书

《基因的人工蜕变》 赫尔曼·约瑟夫·缪勒的一篇关于遗传学的经典论文。在这篇论文中，缪勒首次证实了 X 射线在诱发突变中的作用，搞清了诱变剂剂量与突变率的关系，为诱变育种奠定了理论基础。

第十八堂课

沃森与克里克老师主讲 "DNA双螺旋"

> DNA是一个双链大分子，由两条多核苷酸链组成，两条螺旋链的走向相反，围绕同一个中心轴以右旋形式盘绕起来。

詹姆斯·杜威·沃森/弗朗西斯·哈利·康普顿·克里克

沃森（James Dewey Watson，1928—），美国分子生物学家，分子生物学的带头人之一。1950年，沃森进入丹麦哥本哈根大学从事噬菌体的研究。1951年至1953年，沃森在英国剑桥大学卡文迪许实验室进修。在此期间，他与英国生物学家克里克合作，提出了DNA的双螺旋结构学说，被后世誉为"DNA之父"。

克里克（Francis Harry Compton Crick，1916—2004），英国分子生物学家。克里克出生于英国的北汉普顿，大学主修物理，因第二次世界大战终止学业，开始自修生物。后进入卡文迪许实验室从事科研工作，并在此与沃森结识。在两人的共同努力下，发现了DNA的双螺旋结构和自我复制机制，解开了遗传之谜。两人因此共同获得了1962年的诺贝尔生理学或医学奖。

生命是什么？关于这个问题的探讨，人们从来没有停止过。从人体结构的解剖到细胞学说的建立，从遗传定律的发现到基因化学成分的研究，沿着这条缜密的脉络抽丝剥茧，人们正在一步一步揭开生命的神秘面纱。

上节课在缪勒老师的引导下，同学们已经知道了基因的主要成分是核酸，现在距离真相只有一步之遥，只需弄清核酸的内部结构以及工作原理便能揭开生命之谜。精彩的最后一课即将拉开帷幕！

⊛ 建立DNA双螺旋模型

"中国的朋友们，你们好。我是来自英国的生物学家克里克。"一位相貌英俊的英国绅士笑容满面地与大家打着招呼。

"怎么只有您一个人呢？您的好搭档沃森老师没来吗？"说话的是文森。

"哦，对此我要替沃森向大家致歉。本来说好这最后一课由我们二人共同完成的，可是这家伙昨天半夜竟然突然发了高烧，所以没有办法，今天这堂课只得我一个人孤军奋战了，希望你们不要太失望啊！"克里克老师谦虚中透着幽默。

"没关系，我们完全相信您的实力。沃森老师是一位性格内向、不善言谈的人，所以就算他来了，估计话也不会多。可是您就不同了，您可是一位幽默又开朗的人，所以，我们相信今天这堂生物课一定会很精彩的。"平时并不太爱发言的莉莉今天也格外活跃，看来大家都想在最后一课上表现出最好的状态。

"哈哈……看来你们在上课之前已经事先做好了背景调查啊！这位同学说得没错，我的好搭档沃森的确性格孤僻，像这种热闹的场合他一般都不喜欢。所以我也一直在怀疑他是不是为了逃避讲课而故意装病，哈哈……"克里克老师一上来就大说大笑，带动得同学们也精神倍增。

"好了，不再拿沃森开玩笑了，我今天可是肩负着重要的使命前来的。沃森昨晚在电话里说，如果我今天不能把'DNA那点事儿'说明白，他就再也不想和我一起喝早茶了。你看这家伙，脾气多怪。"每次克里克老师提到沃森老师的时候都笑容满面，可以看出，这两位伟大生物学家的友情真的是非常深厚。

"好了，我也唠叨够了，下面要正式开课了。"说完这句话，克里克老师立刻换上了一副严肃认真的神情，与刚才完全判若两人。

"听过了之前的课程，同学们应该已经知道了，核酸是生命的遗传物质，所以，要解开遗传之谜，我们首先就要从研究核酸入手。缪勒老师已经给你们提过DNA。核酸由DNA和RNA构成，而其中DNA正是决定遗传的关键所在。要破解生命之谜，眼下最主要的就是破解DNA的奥秘。"克里克老师层层递进地把同学们引入了这堂课的主题。

"关于DNA的化学组成，人们早已了解清楚。DNA即脱氧核糖核酸，它由四个碱基、脱氧核糖以及磷酸根组成。碱基、脱氧核糖和磷酸根先组成核苷酸，然后多个核苷酸再由糖－磷酸键连成DNA。现在摆在眼前的难题是，我们还搞不清楚DNA中的这些成分是怎样进行排列组合的。

"为了攻克这一难题，我和沃森想到了用X射线衍射法来研究DNA的空间结构。据当时著名的生物学家威尔金斯和富兰克林的X射线衍射图谱资料显示，整个DNA是一个长链高分子，由许多小单位叠合而成，结构是规则的。通过X射线衍射的方法虽然得到了许多重要数据，但是很明显，这些还远远不够。要想弄清DNA内部的空间结构及核苷酸排列和连接的方式，我们必须另想办法。

刘成老师评注

威尔金斯生于新西兰，在英国长大，进入剑桥大学攻读物理学。第二次世界大战期间，参与了曼哈顿计划。1948年以后，开始使用物理学技术研究生物体核酸中碱类的变化。

当时生物学家鲍林通过建立模型的方法发现了蛋白质的螺旋结构，他的成功给了我们很大启发，因此我们也决定开始尝试建立一个DNA模型。

"起初，我们建立了一个DNA三链模型，碱基在外侧，糖和磷酸主链在内侧，呈螺旋状。不过这个模型很快遭到了富兰克林的否定，因为他发现，这个模型与DNA的水含量不符。后来，又经过很长一段时间的摸索后，我们才开始尝试建立DNA双螺旋模型。"

"克里克老师，恕我打断一下，我很好奇你们是怎么想到DNA是呈螺旋结构的呢？"张秋忍不住问道。

"哦，这一点也是受到了鲍林的影响，因为他发现了蛋白质的螺旋结构，所以我们就猜想，也许DNA也是呈螺旋结构的。还有，在此我要说明一下，在生物学上，很多新的发现都是建立在大胆猜想的基础上的，就像给DNA建立模型一样，只有在经过不断地尝试，不断地失败后，才能抵达真相。"

"好了，不啰嗦了，下面就让我来给你们介绍一下我和沃森呕心沥血建立的DNA双螺旋模型。"克里克老师一边说着，一边拿起粉笔转身在黑板上画出了DNA的结构

刘成老师评注

沃森和克里克建立DNA模型时花费了将近一个星期的时间，才构建出了以腺嘌呤—胸腺嘧啶、胞嘧啶—鸟嘌呤为碱基配对方案的模型。

DNA的双螺旋模型

平面结构　　　立体结构

DNA是一个双链大分子，由两条多核苷酸链组成，两条螺旋链的走向相反，围绕同一个中心轴以右旋形式盘绕起来，外侧为脱氧核糖–磷酸主链，内侧为四种碱基，碱基之间相互配对，并以氢键相连。

演示图。

"DNA 是一个双链大分子，由两条多核苷酸链组成，两条螺旋链的走向相反，围绕同一个中心轴以右旋形式盘绕起来，外侧为脱氧核糖－磷酸主链，内侧为四种碱基，碱基之间相互配对，并以氢键相连。"克里克老师指着黑板上的模型为大家讲解。

"这么看来，DNA 就像一条拧起来的大麻花。只是它拧得有点儿别扭。"文森突然冒出一句很不恰当的比喻。

"哈哈……没错，DNA 的双螺旋是向着同侧盘绕的，它和咱们打的麻花结不太一样，这一点你们要特别注意。"

发现"中心法则"

"在发现了 DNA 的双螺旋结构后并没有万事大吉，接下来还有更多棘手的工作等待我和沃森去探索。比如，DNA 是如何完成遗传工作的？如果不能弄清这个问题，我们就不能算是真正解开了生命的奥秘。

"就在我和沃森提出 DNA 双螺旋模型的第二年，俄裔美国物理学家伽莫夫率先在《自然》杂志上发表了一篇题为《脱氧核糖核酸与蛋白质之间的关系》的论文。在这篇文章中，他大胆断定，DNA 结构本身就是蛋白质合成的模板。他认为，在 DNA 双螺旋的结构中，每四个碱基之间形成一定的空穴，来自周围介质中的游离氨基酸进入 DNA 分子的空穴，结合成相应的多肽链。

"伽莫夫的这一观点是很有建设性的，不过关于他认为 DNA 能够直接编码蛋白质的看法，我却持否定意见。因为 DNA

刘成老师评注

伽莫夫出生于俄国，毕业于列宁格勒国立大学，曾在哥廷根大学和哥本哈根波尔的研究所与量子物理学的首创者们一起工作。1934年移居美国，主要的研究方向涉及核物理学和宇宙起源。

位于细胞核中，而蛋白质的合成却发生在细胞质中，所以要让DNA直接指挥蛋白质的合成，这在理论上是行不通的。"

"那您的意思是，DNA指导蛋白质合成的这一观点是错的吗？"莉莉若有所思地发问。

"那倒不是，虽然DNA不能直接编码蛋白质，但是它可以找个'助手'帮忙嘛。我们虽然没有在细胞质中检测到DNA，但却找到了大量的RNA。因此我推测，蛋白质合成的第一步，一定是DNA先指导合成一段RNA，然后RNA又游离到细胞质中，再去指导合成蛋白质。"

"这就像古代打仗时，军师都坐镇军营出谋划策，他们把计谋告诉信使，信使把计谋传达给将领，然后将领再依计行事。在这里，携带遗传密码的DNA就是军师，而起传达作用的RNA就是信使，它直接指挥着蛋白质的合成。"女医生说出了自己的见解。

"没错，这位女同学的比喻很恰当，DNA的工作原理大概就是如此。它作为遗传因子有两项任务，一是自我复制，一是转录。DNA的自我复制很简单，它只需把两条链断开，分别以两条链为模板，便可合成新的DNA。转录则是DNA把遗传信息传递给RNA，这个过程在一般情况下只能单向进行，不过在一些特殊的病毒中，也会存在RNA反转录给DNA的过程。

"进行到这一步，DNA的工作便基本完成了。接下来的工作就要交给信使RNA了，它要把从DNA那里转录过来的遗传密码翻译给蛋白质，从而指挥蛋白质的合成。这个翻译的过程是不能逆转的，这也就意味着，蛋白质在后天获得的

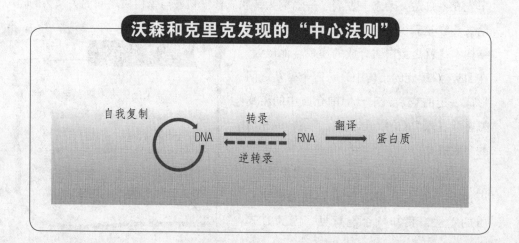

性状是不可能影响到 DNA 的，因此这也就解释了，为什么后天获得的性状无法遗传的问题。"

说完这段话，克里克老师转身在黑板上画出了一幅示意图，然后又补充道："以上讲述的就是 DNA 的遗传过程，如图所示，我们把它称为'中心法则'。通过这条法则我们可以清晰地看出从 DNA 到蛋白质的转化途径。"

"但是，我们却没法在这条法则上了解关于复制、转录和翻译的具体过程。也就是说，到现在为止，我们只知道基因遗传的三个过程，但却并不知道这三个过程是怎么进行的。"张秋提出了新的疑问。

"哦，是的，这正是我们接下来将要探讨的问题——究竟这神奇的遗传过程是如何实现的呢？要想揭开这最后的谜底，咱们还要再从伽莫夫说起。"

⬤ 破译遗传密码

"伽莫夫在提出 DNA 是蛋白质合成的模板时，还提出了关于遗传密码的猜想。他认为，遗传密码是一个三联体，即三个碱基构成一个氨基酸密码。"克里克老师接着讲道。

"可是，为什么伽莫夫不认为是一个碱基、两个碱基或者四个碱基构成一个密码子，而偏偏是三个碱基构成一个密码子呢？"张秋继续发问。

"伽莫夫的这个推测是通过数学中的排列组合得出的。首先，不可能是一个碱基决定一个密码子，因为 $4^1=4$，只能为四种氨基酸编码。若是由两个碱基决定一个密码子，那么 $4^2=16$，这显然也不够用。再者，如果是四个碱基决定一个密码子，那么 $4^4=256$，又太多，所以，最合适的情况就是由三个碱基决定一个密码子，即 $4^3=64$，这个数目就足够为人体内的 20 种氨基酸编码了。"

"这听上去好像很有道理，但是这毕竟是理论上的猜测，未必符合实际情况。"

"你的质疑很有道理，为了验证这一理论的正确性，我和布雷内合作，利用大肠杆菌的噬菌体为实验材料进行了一系列遗传学实验，结果证明，三联密码子并不只是一个科学猜想，它确确实实存在于生物体内，控制着蛋白质的形成。

　　"当然，我的发现还不止于此。我还发现，在氨基酸的合成过程中，这些密码子是从一个固定点开始，朝着一个方向一个接一个地读下去的。如果中间有一个核苷酸发生了增或减的误差，那么以下的密码子就会发生变化。除此之外，我还发现，在遗传密码中还有'同义语'，也就是说，可能有好几个密码对应着同一个氨基酸。"

　　"研究至此，关于生命遗传的神秘面纱已经基本揭开，下面只剩下最后的收尾工作，就是将决定生物体内20种氨基酸的'三联体'密码一一破译出来。最

遗传密码表

第一个字母	第二个字母				第三个字母
	U	C	A	G	
U	苯丙氨酸 苯丙氨酸 亮氨酸 亮氨酸	丝氨酸 丝氨酸 丝氨酸 丝氨酸	酪氨酸 酪氨酸 终止 终止	半胱氨酸 半胱氨酸 终止 色氨酸	U C A G
C	亮氨酸 亮氨酸 亮氨酸 亮氨酸	脯氨酸 脯氨酸 脯氨酸 脯氨酸	组氨酸 组氨酸 谷氨酰胺 谷氨酰胺	精氨酸 精氨酸 精氨酸 精氨酸	U C A G
A	异亮氨酸 异亮氨酸 异亮氨酸 甲硫氨酸 （起始）	苏氨酸 苏氨酸 苏氨酸 苏氨酸	天冬氨酸 天冬氨酸 赖氨酸 赖氨酸	丝氨酸 丝氨酸 精氨酸 精氨酸	U C A G
G	缬氨酸 缬氨酸 缬氨酸 缬氨酸 （起始）	丙氨酸 丙氨酸 丙氨酸 丙氨酸	天冬氨酸 天冬氨酸 谷氨酸 谷氨酸	甘氨酸 甘氨酸 甘氨酸 甘氨酸	U C A G

先开启这项工作的是美国年轻的生物化学家尼伦伯格和德国生物化学家马泰，他们率先发现了苯丙氨酸的密码子为 "UUU"，这是一个很大的突破，接着，在众多科学家的参与和努力之下，人们终于将 64 个密码子全部破获。并且还发现了另一个重大 '秘密'。"说到此处，克里克老师故意卖个关子，停顿了半分钟才继续说下去。

"人们在破译的 64 个密码子中发现，其中有三个密码子并不代表任何氨基酸的密码，它们的作用是终止氨基酸的合成，因此被称为 '终止密码子'。也就是说，氨基酸在合成的过程中，只要遇到这三个密码子中的任何一个，就会自动停止合成。"

"这么说来，这三个 '终止密码子' 就相当于文章中的句号，音乐中的休止符，或者说，是我们的下课铃声，是吧？"文森说到 "下课铃声" 这四个字时，外面的下课铃声真的十分配合地响了起来。

听到宣告结束的 "号角" 已经吹响，克里克老师做了一个无奈的表情，开始讲最后一点内容。

"除了三个 '终止密码子' 外，人们还发现了另一种与众不同的密码子，它被称为 '起始密码子'。也就是说，所有的蛋白质多肽链都要从起始密码子开始合成。"

在交代完最后的内容后，克里克老师长长地吁了一口气，因为到此为止，生命遗传的奥秘已经全部揭开，克里克老师圆满地完成了他今天的任务。

看着额头挂满汗珠的克里克老师，同学们不约而同地为他送上热烈的掌声。这真是一堂让人终生难忘的生物课，相信在场的每一位都不会忘了此刻这份激动、幸福的心情。

"好了，以上就是本堂课的全部内容，虽然很舍不得说再见，可是离别的铃声已经响起，咱们只能告别了。"说完临别的话语，克里克老师又走下讲台与同学们一一热情拥抱，然后才依依不舍地离开。

克里克老师的背影渐渐远去，最后终于消失于长廊尽头。一切到此为止，18 堂生物课已经全部结束了。

沃森与克里克老师推荐的参考书

　　《基因的分子生物学》 詹姆斯·杜威·沃森著。本书共分五篇，分别为：化学和遗传学、基因组的维持、基因组的表达、调控以及方法。它具有权威性，内容新颖、详尽，为广大的生物爱好者及研究人员提供了分子生物学的知识框架和实验途径，并强调了基因科学对于整个生物领域的重要意义，是分子生物学领域的经典之作。

结束语

　　18堂生物课已经全部结束，就算此刻心头还有千万般的不舍，但每个人还是要回到现实。

　　当晚，众人一起来到了第一次举办"神秘生物课堂"的小树林。一切都还如初，同样的篝火，同样的人，只是少了那晚姗姗来迟的亚里士多德老师。更不同的是，这一次的"课堂"上，没有了喋喋不休的动物、植物、微生物，也没有了没完没了的解剖、实验和猜想；更不用再费脑子去研究组织、细胞、DNA。此刻，大家唯一需要做的就是把酒言欢，纵情谈笑，把这18堂课上最美好的回忆都留在今晚，把所有的喜悦、感慨都一饮而尽，然后一觉醒来，用清醒的头脑迎接明天的曙光。

　　关于生物学的探索，在路上。

MARK
麦客文化